单片机技术及应用

游乙龙　卢梓江　吴粤娟　钟任荣　编

机 械 工 业 出 版 社

本书坚持“学中做、做中学”的思想，采用任务驱动模式编写，使读者通过完成一系列具体的学习任务，实现对知识、技能及关键职业能力的掌握。本书主要内容包括：点亮发光二极管、玩转流水灯、按键检测、一触即发——外部中断、定时器/计数器、彼此沟通——串口、简易数字式电压表。为便于读者学习单片机知识，在附录中给出了逻辑代数基础、C51 基础知识、STC15 系列单片机特殊功能寄存器一览表。

本书既可作为技工院校讲授单片机技术的教材或教学辅导书，还可作为学生自学单片机的入门用书。

图书在版编目（CIP）数据

单片机技术及应用/游乙龙等编. —北京：机械工业出版社，2017.1（2025.2 重印）
ISBN 978-7-111-55685-5

Ⅰ. ①单…　Ⅱ. ①游…　Ⅲ. ①单片微型计算机—教材　Ⅳ. ①TP368.1

中国版本图书馆 CIP 数据核字（2016）第 302630 号

机械工业出版社（北京市百万庄大街 22 号　邮政编码 100037）
策划编辑：陈玉芝　责任编辑：王振国
责任校对：张　征　封面设计：马精明
责任印制：邓　博
北京盛通数码印刷有限公司印刷
2025 年 2 月第 1 版第 6 次印刷
184mm×260mm · 10 印张 · 218 千字
标准书号：ISBN 978-7-111-55685-5
定价：35.00 元

电话服务
客服电话：010-88361066
010-88379833
010-68326294

网络服务
机　工　官　网：www.cmpbook.com
机　工　官　博：weibo.com/cmp1952
金　　书　　网：www.golden-book.com
机工教育服务网：www.cmpedu.com

前言

PREFACE

单片机技术及应用是技工院校电气类、电子类、数控类专业高级工及以上层次人员必修的一门专业主干课程，也是一根“硬骨头”。传统的教科书注重知识体系结构的完整，且大多采用汇编语言作为编程语言，再加上教学方式往往采取先理论后实验，最终导致“睡中学、学中睡”的现象。我们作为技校教师，深刻认识到对技校学生而言，理想的教学方式应该是“学中做、做中学”，即让学生通过完成一系列具体的学习任务，实现对知识、技能及关键职业能力的掌握。在此背景下，我们结合自身多年单片机工程实践经验，大胆打破原有的教学模式，进行了课程教学改革，并希望通过本书，帮助没有任何单片机基础、C 语言基础的技工院校相关专业的学生，顺利认识并使用单片机，达到入门的程度，为后续职业发展奠定良好的基础。

本书分为 7 章和 3 个附录，内容涉及经典 8051 单片机的主要资源：并行 I/O 口、中断系统、定时器/计数器、串口、ADC。考虑到学生普遍缺乏数字逻辑和 C 语言基础知识，我们整理了附录 A 和附录 B，同时还将单片机的特殊功能寄存器整理成附录 C，方便读者随时查阅。我们通过引导学生完成一系列具体的学习任务，将 C51 基础知识嵌入其中，无形中完成 C 语言的教学。我们建议在开展教学时，使用万能板搭建电路，而不是在制作好的 PCB 板上焊接元器件。只有这样才能让学生建立起对硬件、软件系统的认识，而不是错误地理解为单片机只是简单编程。

本书介绍的单片机是深圳宏晶科技有限公司生产的 STC15F2K60S2，该型号的单片机内部集成了时钟电路、复位电路，使用十分方便，同时片内还集成了丰富的部件，如 EEPROM、SPI、ADC 和 PCA 模块等。

本书没有机械地教授单片机的基本原理，而是侧重于引导学生使用单片机，注重学生自主学习能力的培养。本书既可作为技工院校讲授单片机技术的教材或教学辅导书，还可作为学生自学单片机的入门用书。

本书正式出版前作为校本教材多次使用、修改，但仍难免存在一些错漏，恳请读者提出宝贵修改意见。

编　者

目录

CONTENTS

第 1 章

点亮发光二极管

1）认识单片机，掌握单片机的基本组成。

2）认识并会搭建单片机最小应用系统。

3）掌握发光二极管的基本控制原理，会用单片机点亮发光二极管。

4）重视并学习资料检索与分析，进一步提高焊接技能。

5）掌握 Keil 软件的基本使用。

某自控设备厂新招聘了一名技术员，需要对其进行技术培训。培训讲师要求该技术员使用型号为 STC15F2K60S2 单片机，点亮一个发光二极管，同时强调，重视以下三点的学习与体会。

1）学习看数据手册。

2）学习使用网络资源。

3）学会讨论与交流。

假设你就是这名新员工，请按要求完成这项任务。

1.1 任务分析

这是一个全新的开始。你可能没见过单片机，不知道单片机具有什么结构，更不知道如何使用单片机，甚至对发光二极管如何工作也有点困惑。那么如何才能完成培训讲师交代的任务呢？

首先，我们应该认识一下单片机，特别是认识型号为 STC15F2K60S2 的单片机。不仅要看单片机的外观，更要看到单片机的“内心”。

其次，我们应该简单使用单片机，让单片机能够工作起来。那么，要让单片机“活起来”，构成单片机最小应用系统，至少需要哪些基本要素呢？

再次，我们应该懂得发光二极管基本的工作原理，然后才有可能使用单片机去控制它的亮灭。

接下来，让我们开始单片机的学习之旅吧！

1.2 知识链接

1.2.1 认识单片机

1.2.1.1 单片机是一种集成电路芯片

什么是单片机？请读者认真阅读下面这段话。

单片机是一种集成电路芯片，是采用超大规模集成电路技术把具有数据处理能力的中央处理器 CPU、随机存储器 RAM、只读存储器 ROM、多种 I/O 口和中断系统、定时器/计数器等功能（可能还包括显示驱动电路、脉宽调制电路、模拟多路转换器、A-D 转换器等电路）集成到一块硅片上构成的一个小而完善的微型计算机系统，在工业控制领域广泛应用。

可见，单片机也无非是一种集成电路芯片，只是并不是简单地实现某个逻辑功能的芯片，而是一个集成了计算机系统的芯片。在学习电子技术时，相信读者使用过一些芯片了，如 555、集成运放、各种逻辑门等，在掌握芯片基本工作原理之后，就可以设计应用电路，实现期望的控制功能了。下面让我们认识一下型号为 STC15F2K60S2 的这块芯片吧。

如图 1-1 所示，PDIP40 封装形式的 STC15F2K60S2 单片机，从外观上，它就是一块芯片而已。该芯片有 40 个引脚，分两列分布。当要使用这块芯片时，我们需要先大致了解芯片的基本特性，熟悉引脚的基本功能。那我们如何才能获取这些信息呢？

图 1-1　STC15F2K60S2 单片机外观（PDIP40 封装）

动一动

请读者使用“百度”等搜索引擎，以“STC15F2K60S2”作为关键字展开搜索，并回答如下问题。

❖ “STC15F2K60S2”单片机的生产厂家是________________。

❖ 该生产厂家的官方网址是________________。

❖ 你能大致描述 STC15F2K60S2 所代表的意思吗？

1）STC 代表________________。

2）15F 代表________________。

3）2K 代表________________。

4）60 代表________________。

5）S2 代表________________。

型号 STC15F2K60S2 所代表的意思，除基本厂家信息、产品序列信息外，其他涉及的信息感到陌生是正常现象。因为我们的单片机学习之旅，这才刚刚起步。

通过网络搜索，我们找到了该芯片生产厂家的官方网址。

❖ 官网：www.stcmcu.com，如图 1-2 所示。

❖ 单击 STC15 全系列中文资料并下载数据手册！

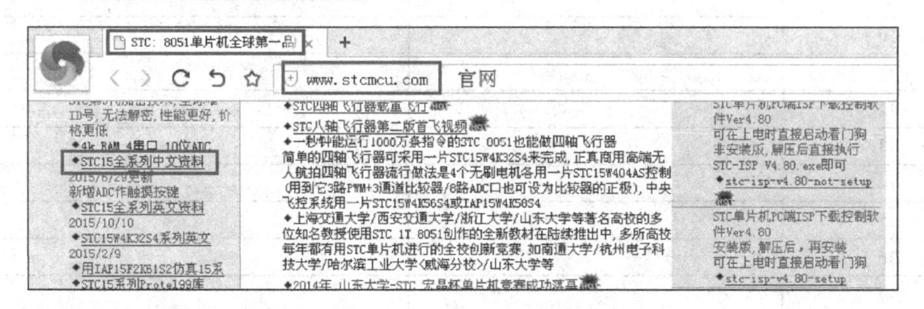

图 1-2 官网资料

阅读芯片的数据手册是最基本、最直接、最有效的方法，也是基本要求。请读者在浏览器中打开 STC 单片机官网，下载 STC15 系列单片机的中文数据手册，参考图 1-3 给出的原理图符号，完成表 1-1（提示：表 1-1 的引脚功能将贯穿整本书的硬件电路）。

引脚	左侧引脚名称	右侧引脚名称	引脚
1	P0.0/AD0	P4.5/ALE	40
2	P0.1/AD1	P2.7/A15/CCP2_3	39
3	P0.2/AD2	P2.6/A14/CCP1_3	38
4	P0.3/AD3	P2.5/A13/CCP0_3	37
5	P0.4/AD4	P2.4/A12/ECI_3/SS_2	36
6	P0.5/AD5	P2.3/A11/MOSI_2	35
7	P0.6/AD6	P2.2/A10/MISO_2	34
8	P0.7/AD7	P2.1/A9/SCLK_2	33
9	P1.0/ADC0/CCP1/RXD2	P2.0/A8/RSTOUT_LOW	32
10	P1.1/ADC1/CCP0/TXD2	P4.4/$\overline{\text{RD}}$	31
11	P1.2/ADC2/SS/ECI	P4.2/$\overline{\text{WR}}$	30
12	P1.3/ADC3/MOSI	P4.1/MISO_3	29
13	P1.4/ADC4/MISO	P3.7/$\overline{\text{INT3}}$/TXD_2/CCP2/CCP2_2	28
14	P1.5/ADC5/SCLK	P3.6/$\overline{\text{INT2}}$/RXD_2/CCP1_2	27
15	P1.6/ADC6/RXD_3/XTAL2	P3.5/T1/T0CLKO/CCP0_2	26
16	P1.7/ADC7/TXD_3/XTAL1	P3.4/T0/T1CLKO/ECI_2	25
17	P5.4/RST/MCLKO/SS_3	P3.3/INT1	24
18	V_{CC}	P3.2/INT0	23
19	P5.5	P3.1/TXD/T2	22
20	GND	P3.0/RXD/$\overline{\text{INT4}}$/T2CLKO	21

图 1-3 STC15F2K60S2-PDIP40 单片机原理图符号

表 1-1 PDIP40 封装的 STC15F2K60S2 引脚功能

引脚号	引脚名称	引脚功能说明
1		
2		
3		
4		
5		
6		

（续）

引脚号	引脚名称	引脚功能说明
7		
8		
9		
10		
11		
12		
13		
14		
15		
16		
17		
18		
19		
20		
21		
22		
23		
24		
25		
26		
27		
28		
29		
30		
31		
32		
33		
34		
35		
36		
37		
38		
39		
40		

读者是否注意到不少引脚会使用斜杠“/”来分隔引脚的多个功能？事实上，这些带有斜杠的引脚，都是多功能引脚，用户通过设置相关寄存器后，可以实现不同的功能。这好比有些人身兼数职，有多个“头衔”一样，在不同场合，他/她使用不同的称呼，比如在单位他/她是“总经理”，在学术会议上，他/她可能是教授，而在家里他/她则是孩子的家长了。多功能引脚的存在是非常有益的，用户可以根据需要合理设置、变更引脚的功能，从而方便设计。

1.2.1.2 单片机本质上是计算机

STC15F2K60S2 单片机外观上只是一块普通的集成芯片。但本质上，这块看似普通的芯片是一个“计算机系统”，如图 1-4 所示。

图 1-4 台式机 VS 单片机

毫无疑问，笔记本、台式计算机都是计算机，而一块小小的 STC15F2K60S2 芯片会是计算机吗？

什么是计算机？或者组成计算机的基本要素是什么？

简单地说，计算机硬件系统=CPU+存储器+I/O 接口。人们在购买计算机时，常常会去关注 CPU 和内存这两点：CPU 是多少核、多少位、主频有多高，内存是多少等。在保证了 CPU 和内存的基础上，不同的用户可能提出其他不同的需求，如：喜欢玩游戏的，会关注显卡、游戏鼠标等；喜欢听音乐的，会去关注声卡等。

笔记本上一个 CPU 或内存条的体积都比这块芯片大，这么一块小芯片会是“计算机”吗？但事实的确如此，本质上，它属于计算机！

所谓单片机就是将组成计算机的基本要素集成在一块芯片上，构成了“单芯片的计算机（Single Chip Computer）”。如果把台式机比作大鹏鸟，那么单片机则是一只小麻雀。但麻雀虽小，却五脏俱全，在一块芯片上集成了 CPU、存储器、定时器/计数器、中断系统、串行口、并行口等部件，是一个名副其实的计算机，通过“引脚”与外界联系。图 1-5 所示为 STC15F2K60S2 最小应用系统，其中 18 脚和 20 脚是电源引脚。

动一动

请查阅前文或通过网络搜索，写出单片机的定义。

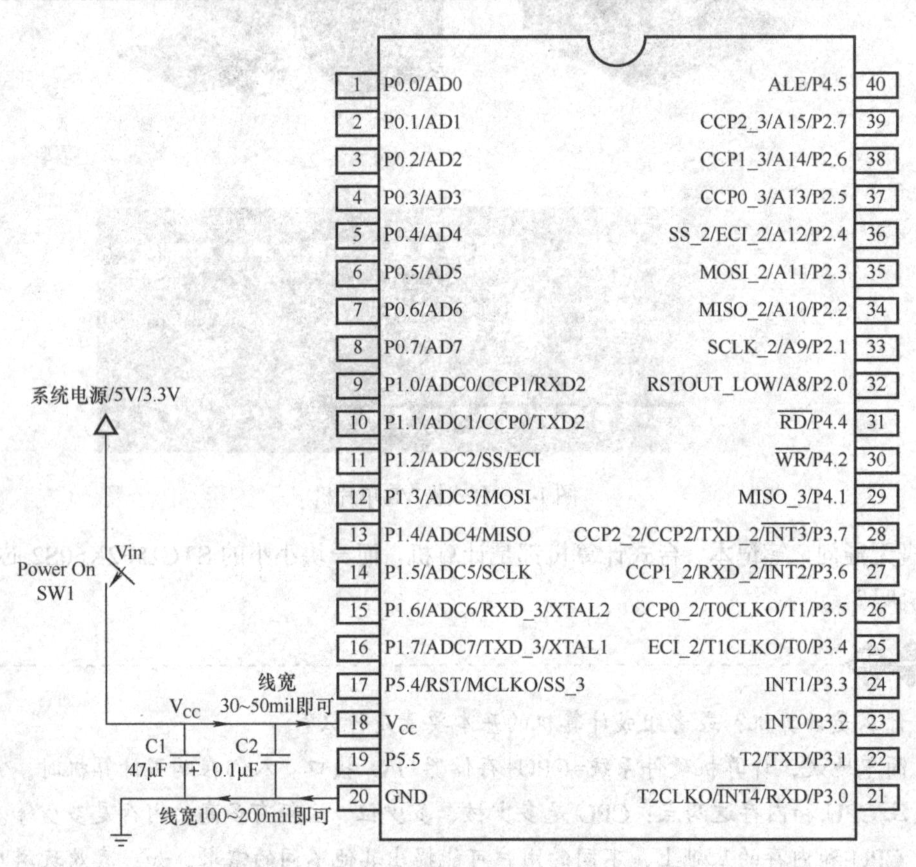

图 1-5　STC15F2K60S2 最小应用系统

注：1mil=0.0254mm。

想一想

读者是否注意到，在 VCC 和 GND 之间接了两个电容，一个电解电容（47μF），一个无极性电容（0.1μF）？请结合电容的基本作用，回答是否可以将电容去掉？

1.2.2 单片机的基本组成

前面已经说到，单片机本质上是计算机，它将 CPU、存储器、各种 I/O 接口集成在一块芯片上，通过引脚与外界联系，组成单片机应用系统。那么，单片机芯片内部到底包括了哪些部件呢？图 1-6 所示为官方数据手册给出的 STC15F2K60S2 单片机组成框图。

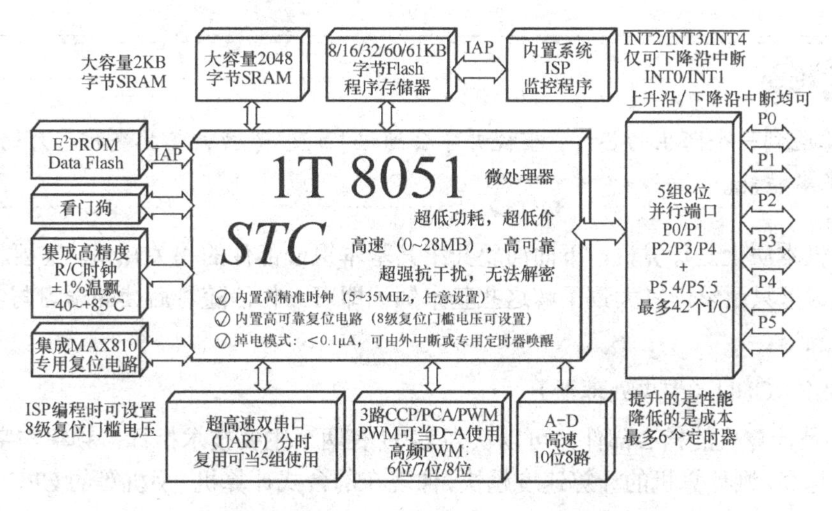

图 1-6 STC15F2K60S2 单片机组成框图

请认真阅读图 1-6，结合数据手册，列出 STC15F2K60S2 单片机的组成部件。

想一想

1. 读者是否注意到偌大的“8051”字样？8051 称之为“内核”，也可理解成架构。STC 单片机本质上也是 8051，但属于增强型的 8051。它在 8051 的基础上增加了许多功能强大的部件。请读者查阅资料并回答，经典的 8051 单片机包括哪些组成部分？

2. STC15F2K60S2 单片机的片内资源很丰富，比传统的 8051 单片机，多集成了许多实用的部件。正如厂家所说：提升的是性能，降低的是成本。请对照图 1-6，说说 STC15F2K60S2 单片机相对于传统的 8051 多了哪些资源？

3. 查阅数据手册，再次解释型号 STC15F2K60S2各个部分代表什么意思。

当你遇到一个陌生的芯片，重视并学会通过“百度”等搜索工具查找芯片的相关信息是一项基本技能。

单片机本质上是计算机，下面简要介绍其基本组成部件的相关知识。需要特别强调的一点是，这里只要求读者大致了解这些基本知识即可。相信随着后续的学习与实践，读者可以逐步领悟。

1.2.2.1 CPU（中央处理器）

CPU 是计算机的核心部件。可以认为 CPU 有两个主要技术指标：频率与字长。

频率越高，则计算机的计算速度越快。像现在的台式计算机、手机等的 CPU 都是 1GHz 以上，而 8051 作为计算机中的“小麻雀”，它的运行频率一般都在几十 MHz 左右，运行速度远不如现在多核的 CPU。

字长，简单说就是计算机一次能处理的二进制位数。字长越长则处理的能力越强，且运算精度也越高。常见的计算机字长主要有：4 位、8 位、16 位、32 位、64 位。据此，计算机也分为 4 位机、8 位机、16 位机、32 位机、64 位机等。8051 是典型的 8 位机，因此其处理数据的能力肯定无法与 32 位、64 位的 CPU 相提并论。

虽然 8 位单片机在运算速度和运算能力等方面，不如高端的计算机，但其“短小精悍”，在一些简单应用中仍具有巨大的市场与空间。一般又称单片机为微型控制器，即 MCU（Micro Controller Unit）。

1. 请读者观察身边的电气设备，特别是家电产品。哪些电器或设备使用了单片机作为控制核心？

2. 不同单位频率之间的关系

$$1\text{GHz}=1000\text{MHz}=10^3\text{MHz}$$

$$1\text{MHz}=1000\text{kHz}=10^3\text{kHz}$$

$$1\text{kHz}=1000\text{Hz}=10^3\text{Hz}$$

1Hz 意味着 1s 变换 1 次，1000Hz 意味着 1s 变换 1000 次，因此频率越高，则变换处理的速度越高。你知道 STC15F2K60S2 单片机的频率范围是什么？

____

____

1.2.2.2 存储器

存储器是用来存放信息的，人们熟知的 U 盘、计算机硬盘、内存都属于存储器。单片机存储器分为程序存储器（ROM）和数据存储器（RAM）。STC15 系列单片机的程序存储器和数据存储器是独立编址的。好比 1 班和 2 班的学号是独立的，两个班级可以都有 1 号而互不冲突。当今的单片机，一般都在片内集成了足够的程序存储器和数据存储器，用户根据项目需要选型后，一般不需要进行外部扩充存储容量。

程序存储器用于存放用户程序、固定的数据或表格等信息。这些信息一旦存储，断电后信息不会丢失，用户一般只能读取，而不能随意修改。当今单片机使用的程序存储器一般是 Flash（闪存）型的，用户可以通过串口实现用户程序的下载与调试工作，使用起来十分方便。当然，在批量十分巨大的场合，也有可能使用 ROM 型的程序存储器；该类型存储器一旦烧录，就无法变更，总体成本比 Flash 型存储器低很多。

数据存储器，也称为随机存储器，可随机读写，但断电后信息立即丢失，一般用于存取工作过程中的一些中间变量、运算结果等。STC15 系列单片机芯片内的数据存储器可分为内部 RAM 和外部 RAM 两种。内部 RAM 数量不大，但个个速度较快，外部 RAM 数量较大，但速度较慢。

STC15 系列单片机具体的存储器结构，本书不作详细的介绍。读者只需要明白程序存储器和数据存储器各自的作用就可以了。到此，读者是否对型号 STC15F2K60S2 中的“2K”和“60”有了一个感性的认识？“2K”是指单片机内部集成了容量为 2KB 的 RAM，“60”是指单片机内部最多集成了 60KB 的 ROM。

存储器的基本存储单元是“字节”——Byte，而最小的存储单元是“位”——bit。一个字节（Byte）等于 8 个位（bit）。以常见的 U 盘为例，其存储容量都是多少个 GB，其中的“B”就是字节的意思，1GB 有多少个字节呢？

$$1KB=1024B=2^{10}B$$

$$1MB=1024KB=2^{20}B$$

$$1GB=1024MB=2^{30}B$$

读者是否觉得单片机内部的 RAM 或 ROM 的容量都太小了？事实上，单片机作为微型控制器（MCU），在一般应用上，STC15F2K60S2 的存储器结构算是“豪华配置”了。这点在后续的学习中读者会有深刻的认识。

1.2.2.3 EEPROM Data Flash——断电保存数据 Flash

EEPROM 主要用于断电保存一些关键数据之用，这在现实生活中是很有益处的，比如 mp3 播放器，在播放中你因故需要关机，当下一次开机时，播放器会从上一次播放的点开始，这就需要在停机时保存这个“点”。要实现断电保存，为什么需要 EEPROM 呢？这是因为用来存放中间运算结果和变量的数据存储器 RAM 断电后数据将丢失，而有些数据或变量值一旦丢失，将会导致严重后果，怎么办呢？使用 EEPROM 就可以实现对这些关键数据的保存了。

STC15 系列单片机的 EEPROM 本质上属于程序存储器，用户可以通过一些特殊功能寄存器的设置、操作，实现对 EEPROM 的读、写，继而实现对一些关键数据的断电保存。有关 EEPROM 的详细功能介绍与使用配置，数据手册中单列一章进行了详细介绍。

1.2.2.4　看门狗（WTD）

看门狗本质上是一个定时器，用户必须在某一个设定的时间内进行“喂狗”操作，否则这只看门狗就会“狂吠”，引起单片机复位。使用看门狗的好处是显而易见的，单片机是通过一个叫作“程序计数器（PC）”来实现程序的运行的，PC 永远指向下一条将要被执行的指令的地址。试想一下，若是 PC 走神了或迷路了，指向非预定的指令，它将无法按预定的计划进行“喂狗”操作。一旦在规定时间内都没有进行“喂狗”操作，那么就可以认定：程序跑偏了，或陷入某个死循环，这时候只好复位单片机，“重新开始”。有关看门狗的详细功能介绍与使用配置，数据手册中单列一章进行了详细介绍。

1.2.2.5　时钟的有关概念

人们的生活需要时钟指示时间，在某个时间段做某些事。单片机也一样，需要有一个时间基准，包括 CPU 在内的各个功能部件，在这个时间基准下协调、有序地开展工作。这个时间基准的快慢即为“频率”，它由“时钟电路”产生。有关时钟电路在下文中有详细介绍，这里只以外部通过 XTAL1 和 XTAL2 接时钟晶体振荡器为例，介绍时钟的有关概念。

读者若急于认识单片机时钟电路有关内容，结合阅读下文“最小应用系统”中的时钟部分。

外部输入的时钟对应的周期称为**时钟周期**或**振荡周期**，这是单片机中最小的时间单位，好比“一分”是人民币的最小币值一样。如同现实生活中，一分钱难以买到什么物品一样，单片机中一个时钟周期也一般完成不了什么操作。单片机完成一个基本操作所需要的时间称为**机器周期**，它一般是时钟周期的 12 倍，这就是所谓的“12T”时钟模式。传统 8051 单片机均采用“12T”模式。举个例子，假设使用 12MHz 的时钟，则时钟周期为 1/12μs，机器周期则是 12μs×1/12=1μs。

动一动

假设时钟为 6MHz，请问时钟周期和机器周期各是多少？并请查阅资料，回答什么是指令周期？

____

____

____

____

> 本书所介绍的 STC15F2K60S2 单片机为“1T”单片机，简单说就是机器周期等于时钟周期，因此单片机的速度明显提升了。如上例，假设使用 12MHz 的时钟，则时钟周期是 1/12μs，机器周期=时钟周期=1/12μs。

1.3 任务实施

通过前文的学习，读者知道了单片机本质上是计算机，它将 CPU、存储器、定时器、中断系统等部件集成在一块芯片上。那么如何使用它呢？首先必须让单片机“活”起来，然后才可能去完成工作。因此，首先介绍单片机的“最小应用系统”。

1.3.1 单片机最小应用系统的组成

所谓单片机最小应用系统，简单说就是能够让单片机“活起来”的“最低要求”。一般的，单片机最小应用系统必须包括电源、时钟电路、复位电路等三个基本要素。

1.3.1.1 电源

单片机其实就一块芯片，芯片要工作，必须给它提供电源。当前，常见的单片机电源电压有两种：DC 5V 和 DC 3.3V，且都允许电压在一定范围内变动，即所谓的“宽电压”。本书所用的 STC15F2K60S2 单片机使用 DC 5V 电源。由前面的学习可知，对 PDIP40 封装而言，引脚号为 18 和 20 的两个引脚分别用于接电源正极和电源负极，具体接法如图 1-7 所示。

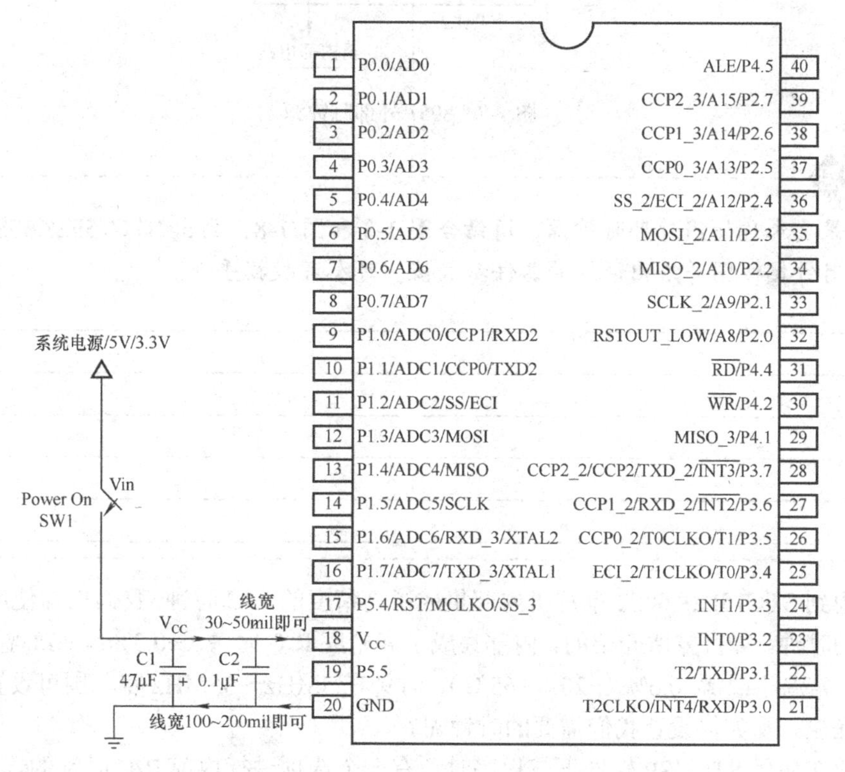

图 1-7 STC15F2K60S2 单片机电源接法

注：1mil=0.0254mm。

读者在使用某个芯片时，务必非常清楚其引脚分布，避免出现错误！

1.3.1.2 时钟电路

单片机有多个不同的部件，要实现在 CPU 统一管理下有序工作，就需要有一个统一的“时钟”，好比阅兵，若步调不一致，整个队伍势必“凌乱”。单片机的时钟是一个非常重要的概念，它直接影响到 CPU 工作的速度，时钟频率越高，则意味着 CPU 工作得越快，在同样的时间内，就可完成更多的工作（执行指令、处理数据等）。

STC15F2K60S2 单片机有两个时钟源可供选择：内部高精度 R/C 时钟和外部时钟（外部输入的时钟或外部晶体振荡产生的时钟）。使用外部时钟时，常见的是通过 XTAL1 和（或）XTAL2 两个引脚，常见的外部时钟源接法如图 1-8 所示。

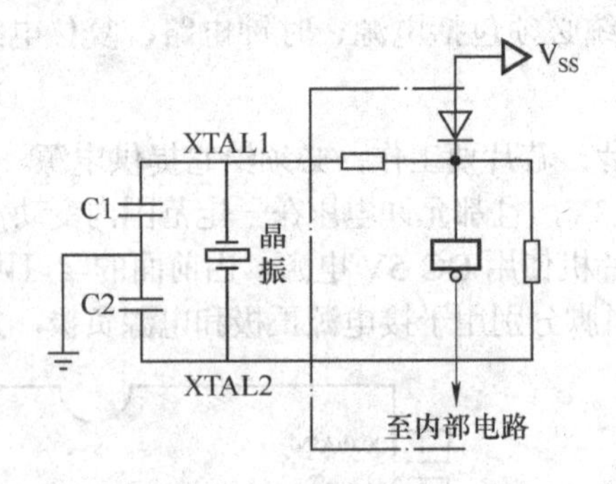

图 1-8 8051 外部时钟源

想一想

如果要求你使用外部时钟源，请结合图 1-3 和图 1-8，画出 STC15F2K60S2 单片机的外部时钟接线图并给出详细的器件参数值。可参考数据手册。

____

____

____

____

____

____

考虑到 STC15F2K60S2 单片机内部集成了高精度的 R/C 时钟，我们推荐使用单片机内部集成的时钟。如官方所介绍的，内部集成了高精度 R/C 时钟（±0.3%），±1%温漂（−40～+85℃），常温下温漂±0.6%（−20～+65℃），时钟在 5MHz～35MHz 宽范围可设置，可彻底省掉外部晶振。那如何设置我们需要的时钟呢？

用户在使用 STC-ISP 软件下载程序时，有一个选项进行内部 R/C 时钟的选择与设置，具体如图 1-9 所示。

图 1-9 所示的 STC-ISP 软件，读者在后续学习中将会经常使用。

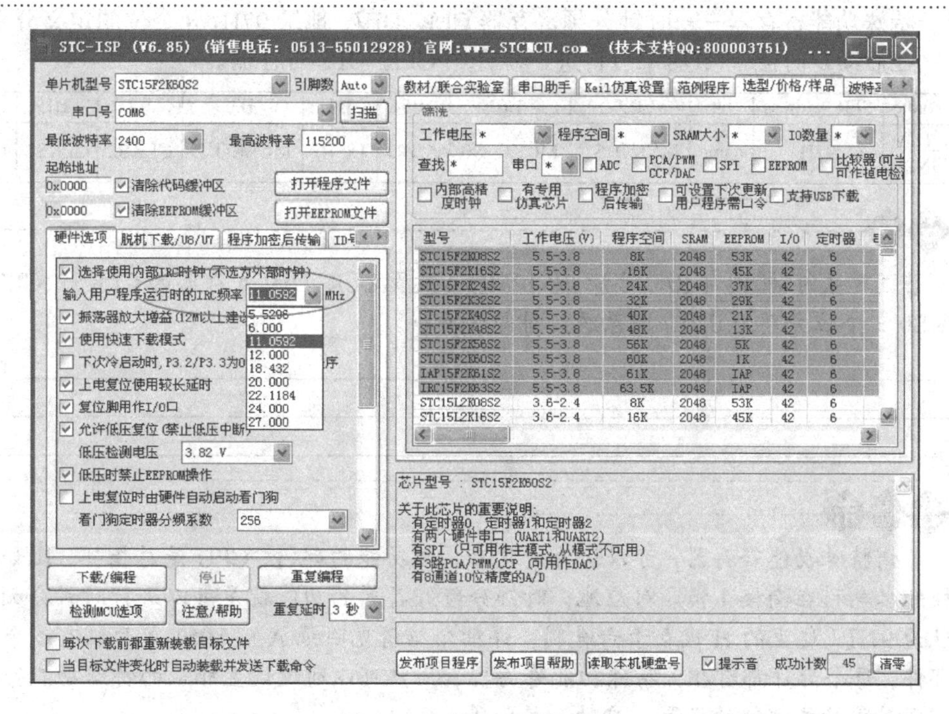

图 1-9　内部 R/C 时钟选择

用户设置的 R/C 时钟称为主时钟，与单片机的系统时钟 SYSclk 不一定完全一致。两者之间的关系如图 1-10 所示的时钟结构。

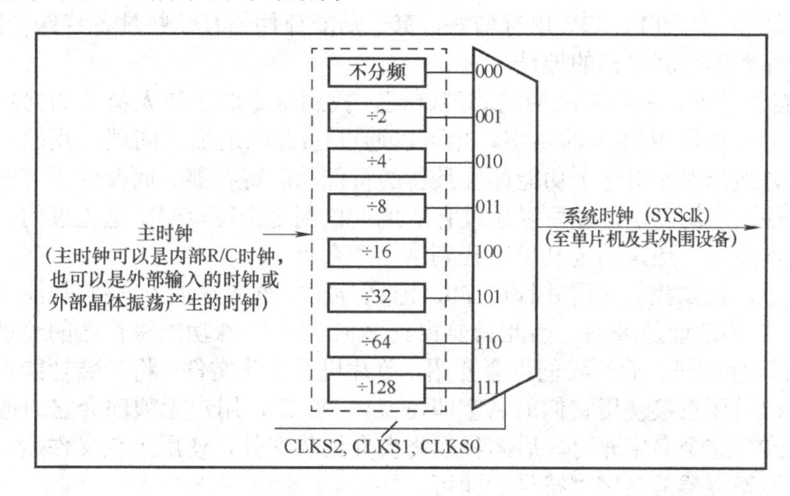

图 1-10　时钟结构

其中，CLKS2、CLKS1、CLKS0 三个位有 $2^3=8$ 个组合（2 的三次方），分别对时钟进行了不同的“分频”操作。在单片机复位后，即默认情况下，CLKS2、CLKS1、CLKS0

三个位都是 0，这时系统时钟等于主时钟。在一般情况下，我们无需设置时钟分频，即保持系统时钟等于输入的主时钟。因此，由于是初学，读者完全可以认为没有这个功能。

但为保持内容的连贯性，这里简要介绍下 CLKS2、CLKS1、CLKS0 三个位。这三个位属于特殊功能寄存器——时钟分频寄存器 CLK_DIV，地址 97H，8 个位的定义分别如下所示。在后续定时器/计数器章节将进一步介绍 CLK_DIV 寄存器。

SFR Name	SFR Address	bit	B7	B6	B5	B4	B3	B2	B1	B0
CLK_DIV (PCON2)	97H	name	MCKO_S1	MCKO_S0	ADRJ	Tx_Rx	MCLKO_2	CLKS2	CLKS1	CLKS0

若设置主时钟(内部 R/C 时钟)为 12MHz，设置 CLK_DIV 寄存器的 CLKS2、CLKS1、CLKS0 三个位分别为 010，则系统时钟等于多少？

所谓特殊功能寄存器，可以认为是具有特殊功能的部门，CPU 是总指挥，比如我们学校的水电科在南楼 1 楼。对应地，时钟分频寄存器的功能就是可以进行时钟分频，其地址为 97H（这里的 H 代表十六进制，详细介绍请见附录 A）。8051 单片机有多个不同的部件，每个部件都有相关特殊功能寄存器，用户可以通过设置相应的特殊功能寄存器来实现对该功能部件的设置、启动、关闭等。

1. 我们可以想象一个单位有许多不同的职能部门，每个职能部门都有一些具有特定工作内容的工作人员，并且这些工作人员都有其自己的位置。对应地，一片单片机有多个不同的功能部件，比如 I/O 口、串行口等，每个功能部件都有一些具备特殊功能的寄存器，并且这些寄存器都有其自己的地址。

2. 我们要办事，就得到相应的职能部门，找到特定的工作人员。如何找到特定的工作人员，可以直接使用他/她的名字，也可以通过他/她的地址。同理，我们要使用某个功能部件，就必须合理使用这个功能部件具备的特殊功能寄存器。而要使用这些特殊功能寄存器，可以使用它的名字，也可以通过它的地址找到这个寄存器。毫无疑问，使用名字通俗易懂，但本质上，还是通过其地址找到这个寄存器。

举个例子，比如我们使用并行口 P0。怎么办呢？查阅附录 C 特殊功能寄存器表，可以知道，P0 口的地址是 80H。因此只要找到 80H 这个特殊功能寄存器的地址，就可以对 P0 口进行读写操作了。后续我们将会介绍，单片机有个头文件，将特殊功能寄存器都进行的声明，用户只要直接使用它们的名字即可。如 P0 口，用户无须理会它的地址 80H，而直接使用“P0”这个名字即可。后续我们将会介绍头文件，使用了头文件后，我们一般只使用特殊功能寄存器的名字“符号”即可。

1.3.1.3 复位电路

复位（RESET）是大多数数码产品都有的功能，包括我们常用的台式计算机或笔记本。复位即初始化，通过复位操作可实现从一个固定的“原点”开始工作。那么在什么情况我们会进行复位操作呢？一般地，开机启动设备时，以及设备死机时，我们要对它进行复位操作，“重启一下”。对单片机而言，复位之后所有的特殊功能寄存器都将恢复为确定状态的“初始值”，这样用户就能够从一个“确切的点”开始使用单片机。8051 单片机复位后，大多数特殊功能寄存器将恢复到确定的状态，这样用户就可以从这个“确定的”状态开始工作。

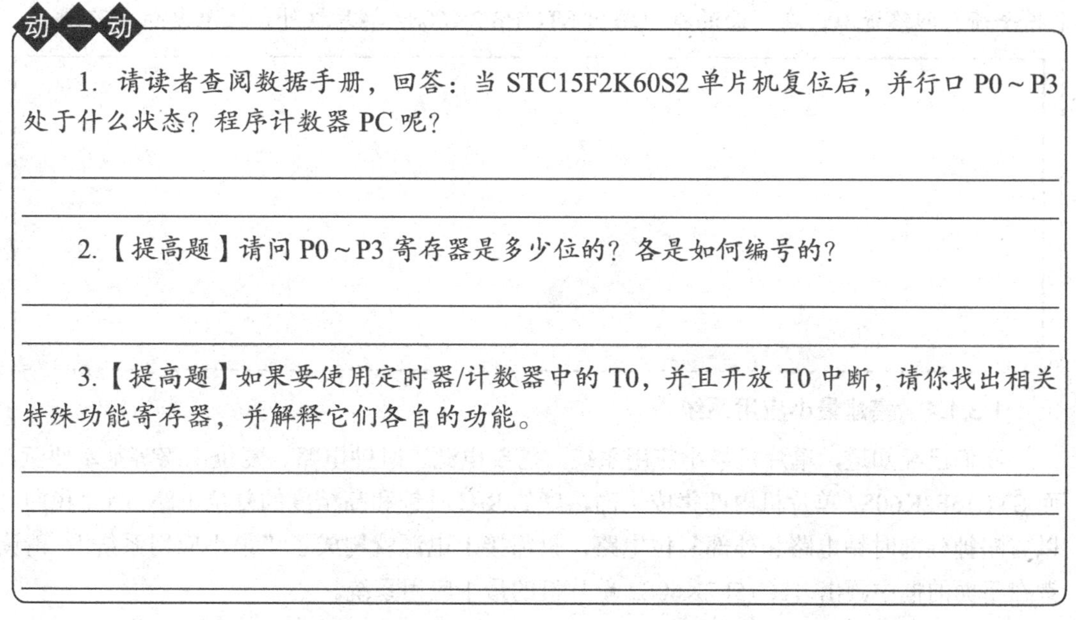

动一动

1. 请读者查阅数据手册，回答：当 STC15F2K60S2 单片机复位后，并行口 P0~P3 处于什么状态？程序计数器 PC 呢？

2.【提高题】请问 P0~P3 寄存器是多少位的？各是如何编号的？

3.【提高题】如果要使用定时器/计数器中的 T0，并且开放 T0 中断，请你找出相关特殊功能寄存器，并解释它们各自的功能。

STC15F2K60S2 内部集成了高可靠复位电路，即 MAX810 专用复位电路，而且可选择增加额外的复位延时 180ms，无需使用外部复位电路。这里我们也推荐使用内部高可靠的复位电路，具体配置如图 1-11 所示。

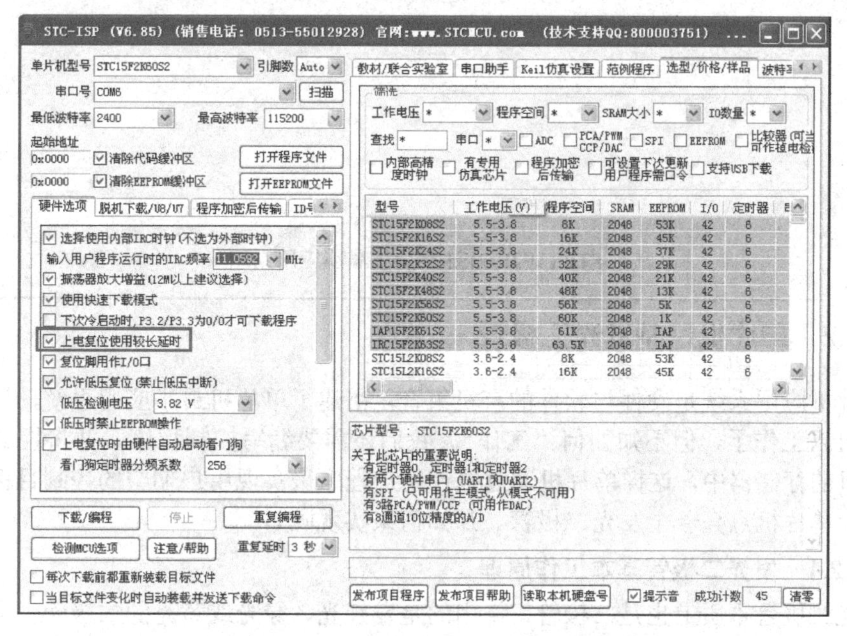

图 1-11 STC-ISP 软件“上电复位”配置

对传统 8051 单片机而言，引脚 RST 为复位引脚。当 RST 引脚输入不少于 24 个机器周期的高电平时，可实现单片机的复位操作。如果要求使用外部复位，请通过查阅数据手册、网络资源，在下面的框中给出 STC15F2K60S2 单片机外部上电复位电路图。

1.3.1.4 搭建最小应用系统

我们已经知道，单片机最小应用系统，需要电源、时钟电路、复位电路等基本要素，而 STC15F2K60S2 单片机内部集成了高精度的 R/C 时钟和高精度的复位电路，因此我们可以省略掉外部时钟电路和外部复位电路，只需接上电源就构成了“最小应用系统”。请读者在下面的框中画出 STC15F2K60S2 单片机的最小应用系统。

STC15F2K60S2 单片机最小应用系统

1.3.2 单片机控制发光二极管

单片机应用系统是硬件与软件的有机组合，搭建了单片机最小应用系统，只是意味着单片机可以工作了，但不知如何“工作”。我们还需要编写控制程序，并将控制程序下载到单片机的存储器中，这样单片机通过执行用户程序来实现用户期望的控制目标。这里我们期望让单片机点亮一个发光二极管。那如何来实现呢？

1.3.2.1 发光二极管基本工作原理

发光二极管本质上也是二极管，常用的是发红光、绿光或黄光的二极管。发光二极管的反向击穿电压大于 5V。它的正向伏安特性曲线很陡，使用时必须串联限流电阻以控制通过二极管的电流。当它处于正向工作状态时（即两端加上正向电压），电流从 LED 阳极流向阴极，半导体晶体就发出从紫外到红外不同颜色的光线，光的强弱与电流有关。

对普通发光二极管而言，可以采用目测法进行判别，即引脚较长的为正极，引脚较短的为阴极。当然，我们可以使用万用表进行检测。具体做法是如下。

1）将万用表置 R×10 或 R×100 档。

2）检测时，用万用表两表笔轮换接触发光二极管的两引脚。若管子性能良好，必定有一次能正常发光，此时，黑表笔所接的为正极，红表笔所接的为负极。请读者分别用目测法和万用表检测法判别发光二极管的引脚极性。

1）发光二极管导通时的压降比普通二极管大一些，不同颜色的发光二极管又存在一定区别，这里列出几种发光二极管的导通压降供读者参考。

✧ 红色发光二极管的压降为 2.0～2.2V。

✧ 黄色发光二极管的压降为 1.8～2.0V。

✧ 绿色发光二极管的压降为 3.0～3.2V。

2）发光二极管导通时的亮度主要与电流大小有关，不同的产品不一样，根据管子的尺寸、亮度和规格，从几毫安到几十毫安之间变化。对普通发光二极管而言，10mA 电流的亮度已足够。

3）可见，我们可以将发光二极管的一个引脚固定接某个电平（如阳极接电源正极），则可以通过控制另一个引脚来实现对发光二极管的控制。

假定发光二极管导通时，正向压降为 2.0V，使用 5V 电源，导通电流为 10mA，试问需要串接多大的限流电阻？

1.3.2.2 搭建应用电路

方法 1 低电平驱动法，灌电流

这种方法是将发光二极管的阴极接到单片机的普通 I/O 口，阳极接到电源正极，注意必须串联限流电阻。当单片机的 I/O 口输出低电平（0）时，发光二极管点亮；当单片机的 I/O 口输出高电平（1）时，发光二极管熄灭。所以，用户只需控制好单片机的 I/O 口就能随意控制发光二极管的亮灭。驱动电路如图 1-12 所示。

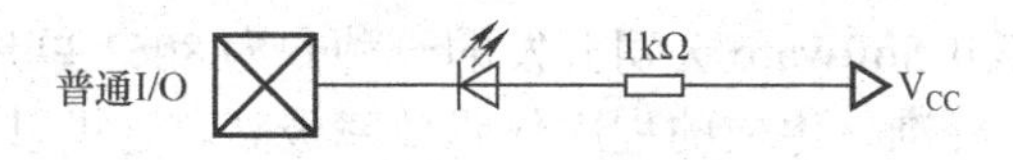

图 1-12 低电平驱动

事实上，低电平驱动法是最常用的，单片机的引脚无论输入还是输出往往选择以低电平为有效电平。因为采用低电平进行驱动时，灌电流（相当于电流从外部电源灌入到单片机内部，单片机为接收者）大，驱动能力强。为保护单片机 I/O 口和发光二极管，请务必记住要串接限流电阻，建议阻值 470Ω 以上或 1kΩ。

方法 2　高电平驱动法，拉电流

这种方法是将发光二极管的阳极接到单片机的普通 I/O 口，阴极接到电源地。当 I/O 口输出高电平时，发光二极管点亮；当 I/O 口输出低电平时，发光二极管熄灭。这时当发光二极管点亮时，相当于从单片机拉电流出来，要求单片机的 I/O 口必须工作在推挽/强上拉模式，此时单片机输出高电平时可输出较大的电流，若为弱上拉/准双向口则可能无法点亮发光二极管。同理，必须添加限流电阻。驱动电路图 1-13 所示。

图 1-13　高电平驱动

一般情况下，不推荐使用这种方法驱动发光二极管。

根据上述内容，请读者在下列区域，使用单片机的 P0 口接 8 个发光二极管，采用低电平驱动法。

单片机控制发光二极管原理图

1.3.2.3　编写控制程序

通过以上分析可以得出，对采取低电平驱动方式而言，要点亮某个发光二极管亮，只要对应的 I/O 口的输出低电平（0）；要熄灭它，只要对应的 I/O 口输出高电平（1）。

那么问题来了：

1）单片机复位后 I/O 口的状态是什么？

2）我们如何才能改变 I/O 口的状态？

对第一问题，让我们再次查阅附录 C，可知单片机复位后，P0 的 8 个位均为高电平（1）。这样，当单片机上电时，接在 P0 口的 8 个指示灯是无法点亮的。

对第二问题，通过前面的学习，我们知道可以通过操作特殊功能寄存器实现对 I/O 口状态的改变。要操作特殊功能寄存器，就必须使用编程软件进行编程了。

Keil C51 是德国 Keil Software 公司开发的一种专为 8051 单片机设计的高效率的 C 语言编译器，符合 ANSI 标准，生成的程序代码效率极高。这里以 Keil uVision3 版本介绍 Keil C51 的使用。

1. 新建一个工程（Project）

每个设计任务，都必须要有一个配套的工程（Project），即使是点亮 LED 这样简单的任务也不例外。因此，我们首先要新建一个工程，打开我们的 Keil 软件后，单击：Project→New Project…，然后会出现一个新建工程的界面，如图 1-14 所示。

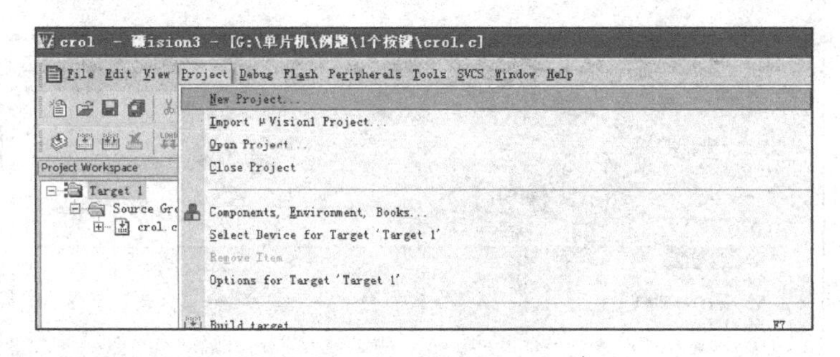

图 1-14 新建工程

2. 保存工程

选择保存路径，建议为每个工程单独建立一个文件夹（文件夹命名应做到顾名思义）。本例为点亮一个发光二极管，如图 1-15 所示。

图 1-15 保存工程 a

注意务必记得先打开新建的文件夹，再保存工程名。一般工程名与文件夹名一致，如图 1-16 所示。

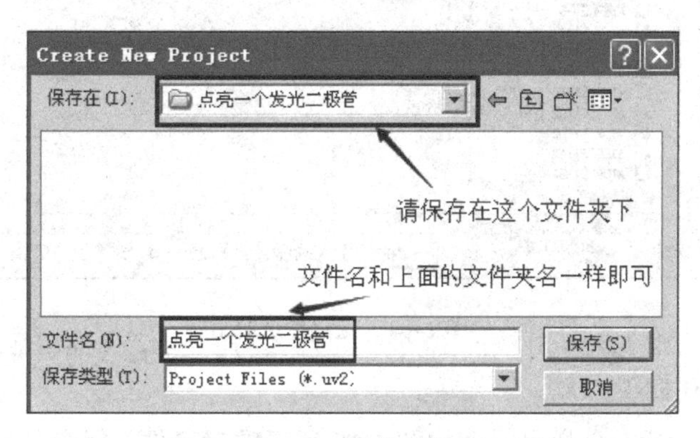

图 1-16 保存工程 b

3. 选择单片机

说明：STC 单片机本质是 8051 单片机，因此，可以从元器件库中选择内核是 8051 的任意一个单片机。这里我们推荐选择 AT80C51。

然后单击【保存】就会出现如图 1-17 所示的界面，选择元器件。

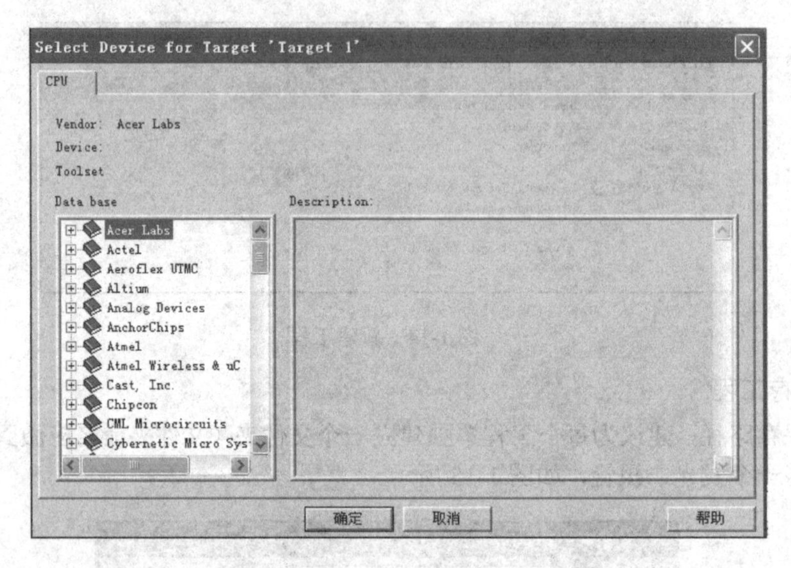

图 1-17　元器件选择 a

该对话框用以选择 CPU 的型号。在这里有很多型号可以选择，一般选择的型号只要满足控制要求就可以了，不是说一定要选择某一种型号的 CPU。本例中选择 Atmel 公司的 AT89C51 的芯片，如图 1-18 所示。

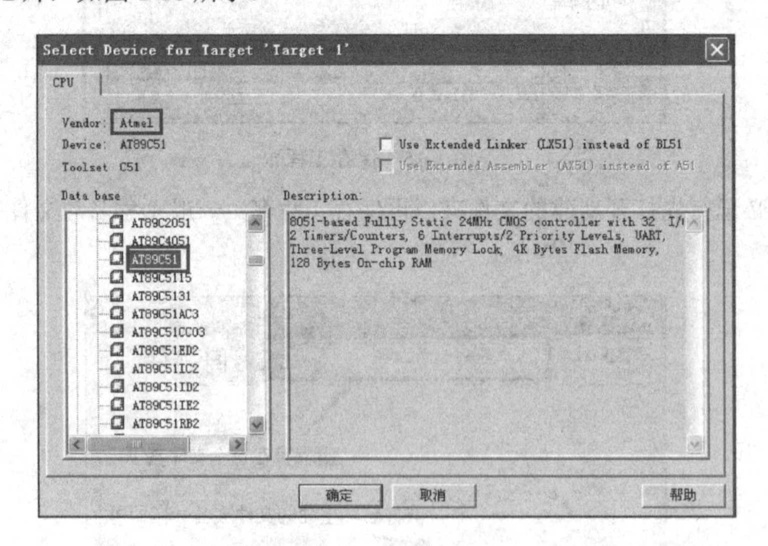

图 1-18　元器件选择 b

4. 加载启动代码

单击“确定”之后，会弹出一个如图 1-19 所示的对话框，每个工程都需要一段启动代码，如果单击“否”，则编译器会自动处理这个问题；如果单击“是”，这部分代码会提供给我们用户，我们就可以按需要自己去处理这部分代码。这部分代码初学者一般是不需要去修改的，但是随着单片机应用能力的提高和知识的扩展，我们就有可能会需要了解这部分内容，因此这里我们选择“是”，让这段代码出现，但是我们暂时不需要修改它，读者知道这么回事就可以了。

图 1-19　加载启动代码

5. 新建文件（File）

这样工程就建立好了，如图 1-20 所示，如果我们单击 Target 1 左边的加号，会出现我们刚才加入的初始化文件 STARTUP.A51，这个我们先不管。工程有了之后，我们要建立编写代码的文件，单击 File→New，新建一个文件，也就是我们编写源代码的文件。

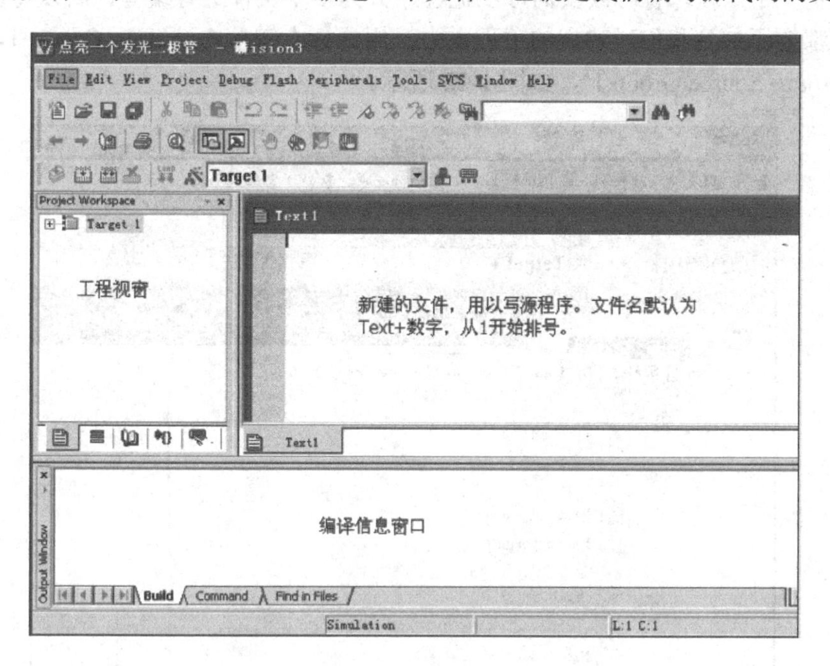

图 1-20　新建文件

6. 保存文件

然后单击 File→Save 或者直接单击 Save 快捷键，这样就可以保存该文件，保存时我们把它命名为“点亮一个发光二极管.c”。后缀为.c 的是 C 语言源程序，后缀名.asm 为汇编语言源程序，后缀名为.h 是头文件，后缀名为.txt 是文本文件。请读者务必将文件保存为.c 文件，如图 1-21 所示。

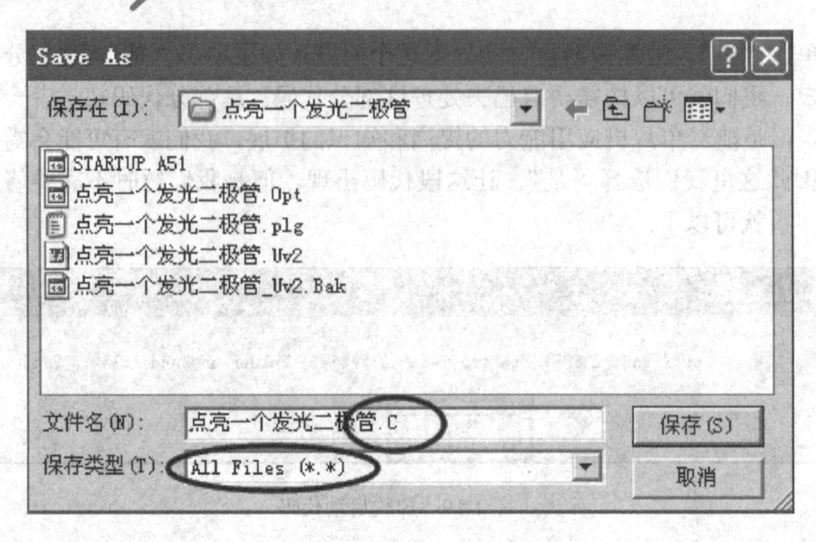

图 1-21　保存文件

7. 加载文件

我们每做一个功能程序，必须要新建一个工程，一个工程代表了单片机要实现的一个功能。但是一个工程，有时候我们可以把程序分为多个文件进行编写，所以每编写一个文件，我们都要添加到我们所建立的工程中去，用鼠标右键单击 Source Group 1，单击 Add Files to Group ‘Source Group 1’，如图 1-22 所示。

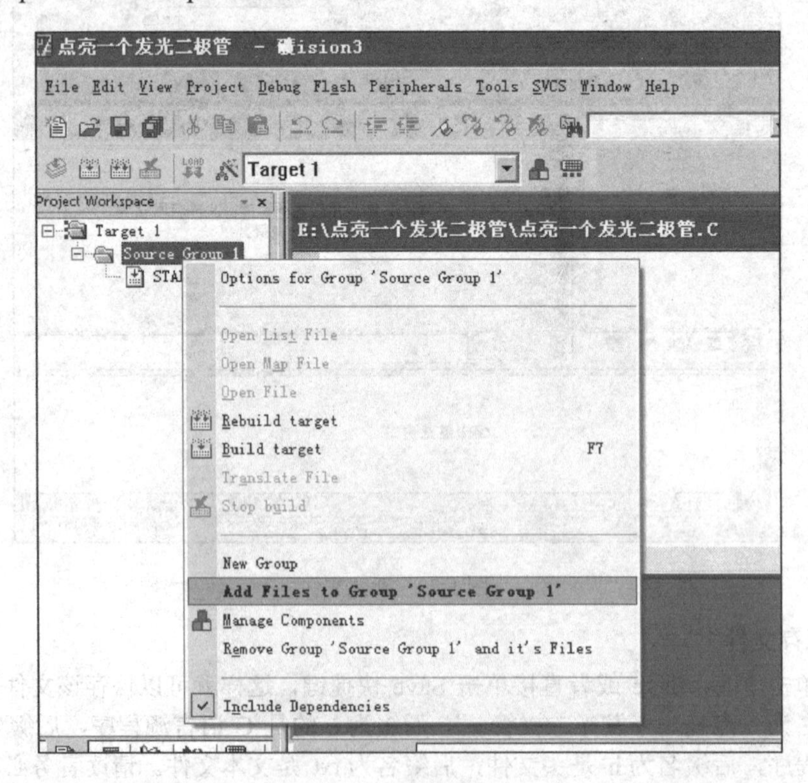

图 1-22　加载文件 a

在弹出的对话框中，单击“点亮一个发光二极管.c”并选中它，然后单击 Add，或者直接双击“点亮一个发光二极管.c”都可以将文件加入到这个工程下，然后单击 Close，关闭添加。这个时候读者会看到在 Source Group 1 下边又多了一个“点亮一个发光二极管.c”文件，如图 1-23 所示。

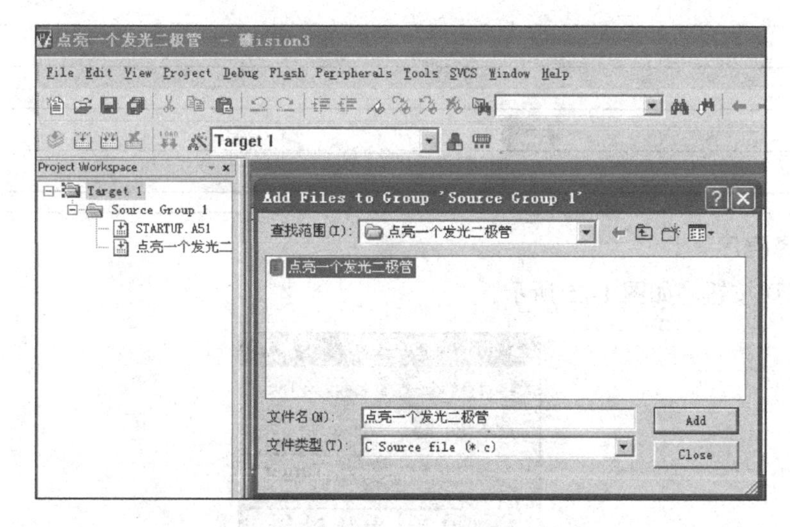

图 1-23　加载文件 b

8. 编写程序

打开新加载的.c 文件，并输入如图 1-24 所示的源程序。

```
01
02 #include<reg51.h>   //包含头文件
03 sbit LED=P0^0;      //位地址声明，注意：sbit必须小写，P必须大写
04 void main(void)     //任何一个C程序都必须有且仅有一个mian函数
05 {                   //{}是成对存在的，在这里表示函数的起始和结束
06     while(1)        //这是一个死循环，周而复始不断执行其循环内容
07     {
08         LED=0;      //LED=0，即P0.0输出0，发光二极管点亮
09     }
10 }
```

图 1-24　点亮发光二极管的源程序

对图 1-24 源程序简单介绍如下。

✧　main 是主函数的函数名字，每一个 C 程序都必须有且仅有一个 main 函数。

✧　void 是函数的返回值类型，本程序没有返回值，用 void 表示。

✧　{ }必须成对出现。

✧　每条 C 语言语句以“;”（分号）结束。

✧　合理使用缩进。

✧　C 语言是严格区别大小写的！上文中除了用户自己定义的 LED 外，其他的都属于关键字（保留字），必须严格遵守大小写！（用户自己定义的变量，一般要做到顾名思义，一旦定义好，其大小写就确定了，比如这里的 LED，你就不能在使用时写成 Led 之类的）。

动一动

请读者查阅附录B，找出图1-24中符号include、sbit、void、main、while等的功能，上述符号是否可以随意变更大小写？

____

____

____

____

____

9. 编译程序

单击编译按钮，如图1-25所示。

图1-25　全部编译并链接

当出现0 Error(s),0 Warning(s).说明没有错误且没有警告，如图1-26所示。这时可以下载程序了。

```
Build target 'Target 1'
assembling STARTUP.A51...
compiling 点亮一个发光二极管.C...
linking...
Program Size: data=9.0 xdata=0 code=19
"点亮一个发光二极管" - 0 Error(s), 0 Warning(s).
```

Output Window　Build　Command　Find in Files

Rebuild all target files

图1-26　编译结果

10. 下载程序

若编译前未对工程选项（Options）按照图1-27所示进行设置，请先设置后，重新编译程序，若无错误则会生成一个.hex的文件。.hex类型文件就是我们要下载到单片机中的目标程序（十六进制）。

STC15系列单片机下载程序十分简单，只需将P3.0（RxD接收）和P3.1（TxD发送）两根通信线分别接到另一方对应的TxD（接收）和RxD（发送），同时给单片机供电，即可实现程序下载。考虑到不少笔记本，包括部分台式机不再使用COM口，这里推荐使用USB转TTL方式实现用户程序的下载，常用的芯片是CH340T。接线示意图如图1-28所示（摘自STC数据手册）。应特别注意的是：单片机的TxD必须接到CH340G的RxD，单片机的RxD必须接到CH340G的TxD。

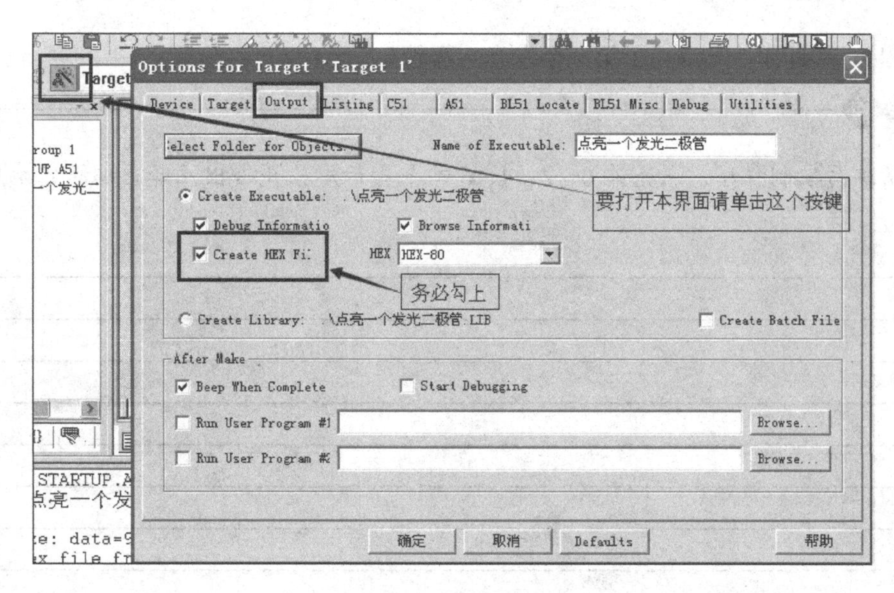

图 1-27 工程选项设置

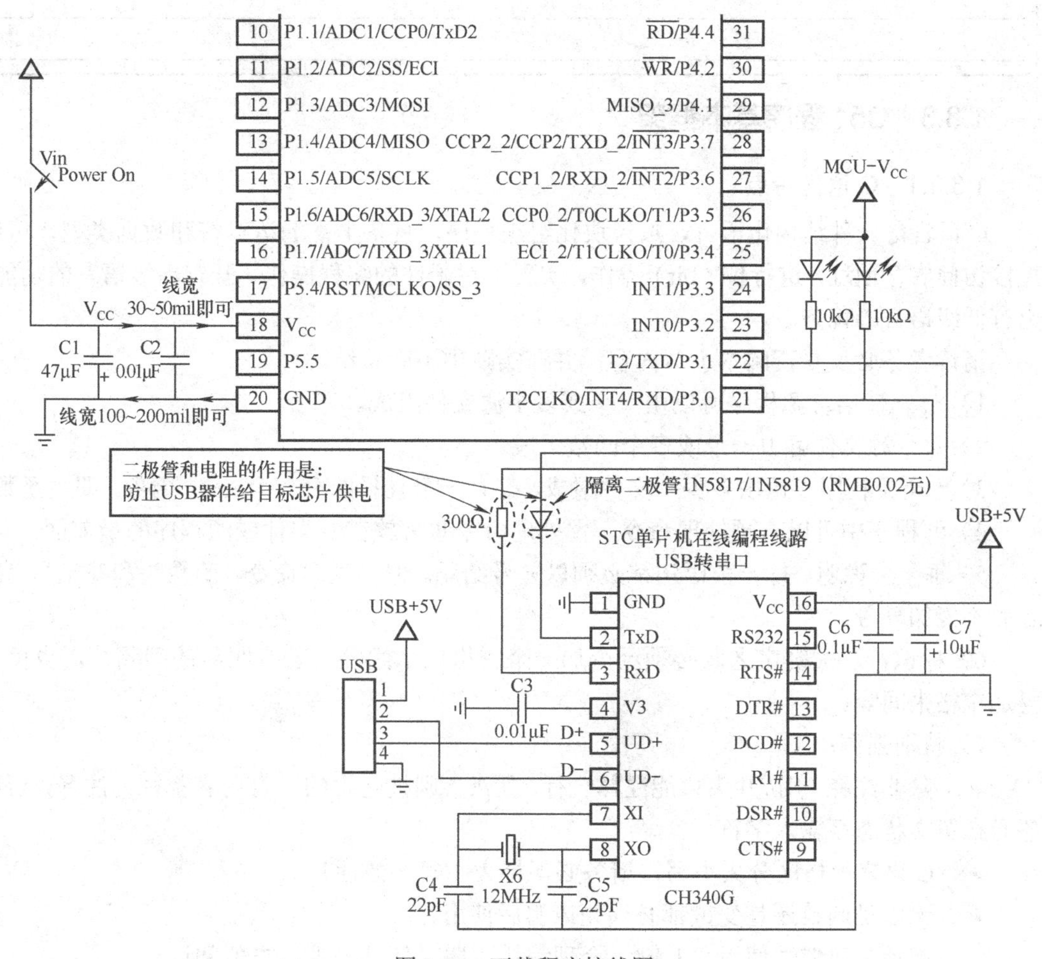

图 1-28 下载程序接线图

到此，恭喜你——点亮了第一个发光二极管！

动一动

请编写控制程序，点亮第 0、2、4、6 四个指示灯，并给出注释，编译完毕后下载验证。

1.3.3 C51 程序基本框架

1.3.3.1 C 语言特点

C 语言是一种结构化语言，按模块化组织程序，具备丰富的运算符和数据类型，可以直接访问内存地址，进行位（bit）操作，实现了对硬件的编程操作，既有高级语言的功能，也有低级语言的优势。

请读者务必反复查阅本小节内容，并在实践中不断总结。

1）一个 C 语言源程序可以由一个或多个源文件组成。

2）每个源文件可由一个或多个函数组成。

3）一个源程序不论由多少个文件组成，都有一个且只能有一个 main 函数，即主函数。

4）源程序中可以有预处理命令，预处理命令通常放在源文件或源程序的最前面。

5）每一个说明，每一个语句都必须以分号结尾。但预处理命令，函数头和花括号“}”之后不能加分号。

6）标识符，关键字之间必须至少加一个空格以示间隔。若有明显的间隔符，也可不再加空格来间隔。

7）特别强调：

- 除非注释（用//开头只能注释一行，用/* */则被包含的所有内容都视为注释，否则务必在英文状态下输入字符。
- C 语言严格区分大小写，请务必保持大小写一致性！
- 无论是函数还是变量都必须先声明后使用！
- 请务必习惯性使用 Tab 键，合理编排程序，使其美观、方便阅读。

1.3.3.2 C51 基本程序框架

特别声明：此处介绍的程序框架用于适应初学者，当用户学习到一定阶段，对编程有了一定认识和把握后，可以尽情发挥 C 语言的强大功能！

```
#include   <reg51.h>            //预处理，包含头文件
（此处空一行。块与块之间，强烈建议空一行，以方便阅读、区分）
#define   uint    unsigned int//将 unsigned inf 重新定义为 uint
#define   uchar   unsigned char//将 unsigned char 重新定义为 uchar
（空一行）
/*********************************************************/
//变量定义
uchar temp=0;//定义一个类型为 uchar、名称为 temp 的变量，且给变量赋初始值为 0（写成十六进制度是 0x00）
（空一行）
/*********************************************************/
//函数或变量声明
（将你所要声明的函数或外部变量声明在此）
（空一行）
/*********************************************************/
** 函数名及功能：main，主函数
** 输入参数：无
** 输出参数：无
** 备注：强烈建议每个函数都必须给予类似的注释！方便读者阅读
/*********************************************************/
void main（void）//主函数，有且只能有一个主函数！用户程序总是从 main 开始执行
{//大括号一定要匹配，对齐后就很方便阅读
    while(1)//死循环，1 非 0，即表示真，while 判断括号内非 0 的话，就执行大括号的内容
    {
        PI=temp;//语句，以分号结束
    }
```

1．include

include 是预处理命令之一，表示文件包含，是指将一个源文件的全部内容包含到另外一个文件中去，成为其中一部分。#include <reg51.h>将 51 单片机片内的资源（主要是一些 SFR）都包含进来，这样用户就可以任意支配片内资源。强调一下：C 语言是严格区分大小写的！打开 reg51.h（后缀名为 h 的表示头文件），P1 口定义为 sfr P1 = 0x90；因此我们可以直接对 P1 进行操作。

想一想

如果将“sfr P1 = 0x90;”中的“P1”写成小写的“p1”，会发生情况呢？

2．define

define 也是预处理命令之一，表示预定义，定义的一般形式是 #define 标识符 字符串，其含义是出现标识符的地方均用字符串来替代。

如果在#define uint unsigned int 后面加一个“;”当你在定义变量，如 uint temp 时会出现什么情况？

3．变量

变量就是数值可以改变的量，在程序运行中，其值可以改变；相反地，常量就是在程序执行过程中其值不会改变的量。定义变量时一定要注意数据类型及其表示数的范围，以免发生溢出，比如常见的 unsigned char 的范围 0～255，unsigned int 的范围是 0～65535。

假设你要编写一个循环次数为 300 次的程序，如果将变量 i 定义为 unsigned char 类型，循环语句 for(i=0;i<300;i++)能否顺利实现预期目标呢？为什么？【请读者务必十万分注意变量的数据类型！】

变量定义的一般格式为

数据类型 变量名表;

数据类型指明了变量所属的数据类型，影响到占据的存储器字节数和变量的表示范围。变量名用户自己定义，但千万不能和关键词重复，否则编译时会出错！用户可以在定义变量时同时进行初始化，同一类型多个变量之间用逗号隔开，比如：

unsigned char i, j, k=0;//这里定义了三个变量 i，j，k，其中 k 同时初始化为 0，其他未初始化。

4．void

void 是关键词，具有特殊含义，用户必须严格遵守其含义和用法。此处，main 前面的 void 表示该函数无返回值，main 括号中的 void 表示执行 main 主函数不需要从外面传递参数。函数定义的一般格式为

```
类型标识符  函数名(形式参数列表)
{
    //函数体
}
```

其中类型标识符表示该函数执行后返回的值的数据类型，如果该函数无返回值，可以写成 void；函数名就是函数的名称，用户自己定义；如果没有形式参数，可以写成 void，也可以留空。

所谓形式参数，就是该参数"有名无实"，比如安排大扫除，需要三个同学，分别是 A、B、C，在函数体中 A、B、C 分别完成某项工作，但这只是"形式"，只有真正进行大扫除了（相当于该函数被调用了），A、B、C 才会具体指定某位同学（这时候相当于实际参数）。

5．while

while 是一种循环语句。C 语言有三种结构，分别是顺序、分支、循环。顺序就是从头顺序执行到结束，从上午起床，我们顺序做着一些事情，直到晚上睡觉。分支简单说就是先判断，然后选择早餐时是喝牛奶还是豆浆呢？循环就是依据一定的条件，在重复执行着，好比周一到周五，我们学习着、工作着；到周末就休息。请注意，在逻辑中，1 表示真，0 表示假，while(1)中的 1 为真，因此 while(1)实际上就是一个永远成立的循环，称为死循环，单片机在不断执行 while(1)里面的内容。

1.4 巩固练习

1．单片机本质上是计算机，请你说说单片机内部集成了哪些部件？

____

____

____

____

____

2．单片机最小应用系统包括哪些部分？给出 STC15F2K60S2 单片机最小应用系统电路图。

____

____

____

____

3．请查阅资料并回答：什么是灌电流？什么是拉电流？

4．为什么发光二极管应用电路中常常需要使用限流电阻？

5．参考任务实施环节，请编程实现接在 P0 口的 8 个指示灯全部点亮，并下载验证。

第 2 章

玩转流水灯

1）理解并掌握位操作与字节操作，并能灵活使用位操作、字节操作控制 I/O 口。

2）理解并掌握循环语句（while、for）的功能和使用。

3）理解函数的基本知识。

4）理解并掌握数组的基本知识。

5）进一步熟悉 C51 编程规范并自觉遵守基本规范。

6）进一步熟悉 Keil 软件的使用。

某商铺需要制作一块广告牌，牌上带有 8 个 LED 指示灯，客户要求这 8 个指示灯能够以 8 种不同的方式点亮，并且点亮的时间间隔可以任意调节。假定你所在公司承接了这个广告牌的制作，公司领导要求你使用发光二极管，前期先制作实现 8 种点亮方式，具体如下。

模式 1　全部点亮。

模式 2　全部灯闪烁。

模式 3　奇偶指示灯交替闪烁。

模式 4　依次只点亮一个灯并循环。

模式 5　依次点亮全部指示灯并循环。

模式 6　依次点亮全部指示灯再逆序依次全部熄灭并循环。

模式 7　从两边依次点亮所有指示灯，再从中心依次熄灭全部指示灯。

模式 8　从中间依次点亮全部指示灯，再从两边依次熄灭全部指示灯。

2.1 任务分析

通过第 1 章的学习，读者能够实现接在 P0 口的 8 个指示灯中任意灯的点亮操作。本章要求我们除了点亮各种形式的灯外，还要求实现切换、循环等操作。作为复习，请读者结合第 1 章的内容以灌电流驱动方式，使用 P0 口连接 8 个发光二极管，在下面的方框中绘制电路原理图。

流水灯原理图

对模式 1，要全部点亮，我们可以定义 8 个指示灯，然后依次输出低电平（0）即可。但你是否想过，如果要控制更多的指示灯，如 16 个、32 个，是不是要分别进行 16 个或 32 个定义，然后写 16 个或 32 个“0”呢？事实上，如果把一个一个指示灯单独的定义称为“位操作”，我们可以使用对整个字节（8 个位）进行操作，一次性实现对 8 个灯的控制，这称为“字节操作”。明显地，使用“字节操作”编程效率将大大提升。位操作与字节操作的对比如图 2-1 所示。

位操作

```
while(1)
{
    点亮灯 1
    点亮灯 2
    ...
    点亮灯 8
}
```

字节操作

```
while(1)
{
    P0=0x00;//P0 口8个位都输出0
}
```

图 2-1　位操作与字节操作的对比

对模式 2，只要在 while（1）死循环中，一会全部点亮（模式 1 已实现），一会全部熄灭（I/O 口全部输出高电平），就能够实现循环闪烁。循环闪烁示意图如图 2-2 所示。但问题是：如何实现“一会”这个时间间隔？

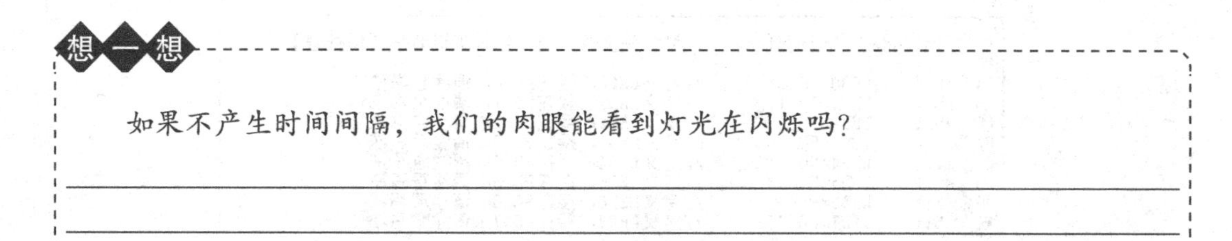


```
位操作
while(1)
{
    全部点亮
    时间间隔
    全部熄灭
    时间间隔
}
```

图 2-2 循环闪烁示意图

对其他模式，通过前面的学习，我们会点亮 8 个灯中的任意组合，在模式 2 的基础上，我们也学会产生“一会”的时间间隔，但当某个模式的一个循环有多种状态时，将会出现多个“状态 *n*——时间间隔——状态 *n*+1”形式，某个有多种状态的模式示意图如图 2-3 所示。试想如果某个模式有 16 个状态、32 个状态呢？那么有没有办法使程序变为简洁呢？

```
有多个状态的模式
while(1)
{
    状态 1
    时间间隔
    状态 2
    时间间隔
    ...
    状态 n
    时间间隔
}
```

图 2-3 有多个状态的模式示意图

综上所述，通过本章的学习，我们将重点掌握循环结构、数组等内容，并在实践中不断熟练掌握 Keil 软件的使用，重视并养成良好的编程规范。

2.2 知识链接

2.2.1 位操作与字节操作

请读者阅读图 2-4 参考程序，目标是实现 8 个发光二极管全部点亮。

```
01
02 #include    <reg51.h>    //包含头文件，类似包含班级名称【预处理】
03
04 sbit     LED0=P0^0;      //定义LED0，接在P0.0，请注意写法
05 sbit     LED1=P0^1;      //定义LED1，接在P0.1，请注意写法
06 sbit     LED2=P0^2;      //定义LED2，接在P0.2，请注意写法
07 sbit     LED3=P0^3;      //定义LED3，接在P0.3，请注意写法
08 sbit     LED4=P0^4;      //定义LED4，接在P0.4，请注意写法
09 sbit     LED5=P0^5;      //定义LED5，接在P0.5，请注意写法
10 sbit     LED6=P0^6;      //定义LED6，接在P0.6，请注意写法
11 sbit     LED7=P0^7;      //定义LED7，接在P0.7，请注意写法
12
13 void     main(void)      //一个工程有且只有一个主函数main
14 {
15     while(1)            //死循环，周而复始执行大括号内的代码
16     {
17         Led0=0;         //点亮LED0，低电平（0）点亮，高电平（1）熄灭
18         Led1=0;         //点亮LED1，低电平（0）点亮，高电平（1）熄灭
19         Led2=0;         //点亮LED2，低电平（0）点亮，高电平（1）熄灭
20         Led3=0;         //点亮LED3，低电平（0）点亮，高电平（1）熄灭
21         Led4=0;         //点亮LED4，低电平（0）点亮，高电平（1）熄灭
22         Led5=0;         //点亮LED5，低电平（0）点亮，高电平（1）熄灭
23         Led6=0;         //点亮LED6，低电平（0）点亮，高电平（1）熄灭
24         Led7=0;         //点亮LED7，低电平（0）点亮，高电平（1）熄灭
25     }
26 }
```

图 2-4　8 个发光二极管全部点亮参考程序（未编译通过）

2.2.1.1　程序解析

1．头文件

前面介绍过 include。include 是预处理命令之一，表示文件包含，是指将一个源文件的全部内容包含到另外一个文件中去，成为其中一部分。假如学校要某班的部分同学去参加活动，我们必须先指定这个班级，比如“电气 2 班”。类似地，我们可以这样表述：include “电气 2 班”，将“电气 2 班”的所有同学信息包含进来，之后活动才可以方便调用这个班的学生，比如让班长去跑步，让学习委员去发放资料等。同理，单片机内部包含了许多不同的功能部件，我们要使用单片机，必须把包含这个单片机相关功能部件的有关信息包含进来，之后才能方便地使用相应的功能部件。

那么头文件到底包含了什么呢？我们可以把鼠标放在<reg51.h>的中间，然后单击右键就会出现如图 2-5 所示的对话框。然后选择 Open document<reg51.h>，就会出现如图 2-6 所示的内容。通过上一章的学习我们知道，单片机内部有很多个特殊功能寄存器，每个特殊功能寄存器对应一个地址。我们想要使用单片机里的特殊功能寄存器时就要先定义它，也就是头文件里包含的内容。所以只要你想要使用单片机里的特殊功能寄存器时就要把这个头文件包含进来。

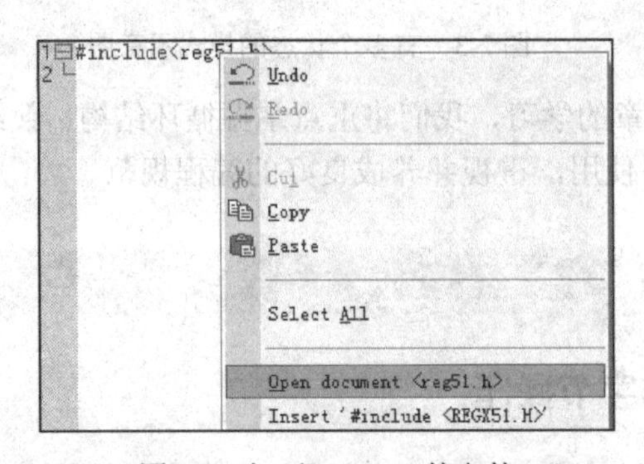

图 2-5　打开 reg51.h 的文件

```
01 /*--------------------------------------------------------------------------
02 reg51.h
03
04 Header file for generic 80C51 and 80C31 microcontroller.
05 Copyright (c) 1988-2002 Keil Elektronik GmbH and Keil Software, Inc.
06 All rights reserved.
07 --------------------------------------------------------------------------*/
08
09 #ifndef __REG51_H__
10 #define __REG51_H__
11
12 /*  BYTE Register  */
13 sfr P0   = 0x80;
14 sfr P1   = 0x90;
15 sfr P2   = 0xA0;
16 sfr P3   = 0xB0;
17 sfr PSW  = 0xD0;
18 sfr ACC  = 0xE0;
19 sfr B    = 0xF0;
20 sfr SP   = 0x81;
21 sfr DPL  = 0x82;
22 sfr DPH  = 0x83;
23 sfr PCON = 0x87;
```

```
22 sfr DPH  = 0x83;
23 sfr PCON = 0x87;
24 sfr TCON = 0x88;
25 sfr TMOD = 0x89;
26 sfr TL0  = 0x8A;
27 sfr TL1  = 0x8B;
28 sfr TH0  = 0x8C;
29 sfr TH1  = 0x8D;
30 sfr IE   = 0xA8;
31 sfr IP   = 0xB8;
32 sfr SCON = 0x98;
33 sfr SBUF = 0x99;
34
35
36 /*  BIT Register  */
37 /*  PSW   */
38 sbit CY    = 0xD7;
39 sbit AC    = 0xD6;
```

图 2-6 头文件里的部分内容

reg51.h 头文件包含了传统 8051 片内资源的相关的特殊功能寄存器，因此用户只要包含了这个头文件，即可自由使用这些片内资源。好比活动主办方包含了“电气 2 班”，则该班的任何一个同学都可以被“使用”。但某活动如果只要班长参与，则完全可以直接声明该班的班长，而不需要获取带有该班全部信息的“电气 2 班”。同理，本章我们暂时只用到 P0 口，查看 reg51.h 头文件可知，相关定义是“sfr P0 = 0x80”。我们可以不包含头文件（即 include <reg51.h>），而直接使用 sfr P0 = 0x80。需要特别强调的是：既然头文件已经为读者实现了相关特殊功能寄存器的定义，建议读者简单包含头文件为好，不要使用一个自己定义一次。

2. sbit：声明一个可位寻址变量

在刚刚打开的头文件里我们发现里面是没有定义 P0 口的每个端口的地址，这就说明 P0.0～P0.7 是没有定义的。C 语言规定每个字符在使用前都必须定义，所以我们要对 P0.0～P2.7 进行定义。P0.0～P0.7 就是特殊功能寄存器 P0 口的某一个位，所以我们定义时就用 sbit。bit 表示某一个位，sbit 表示要定义的对象是特殊功能寄存器。因此，要注意 sbit 与 bit 的区别。

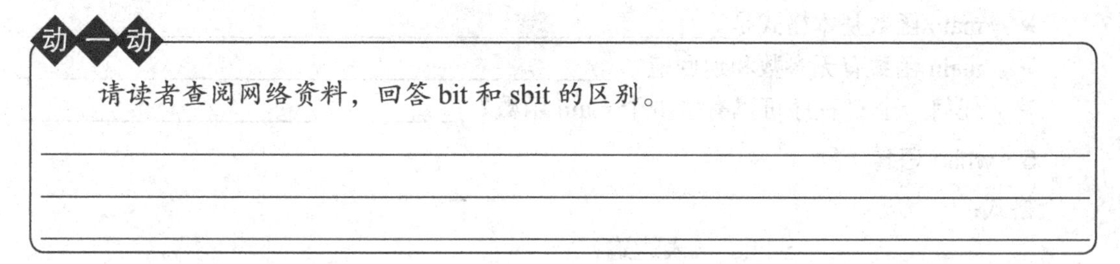

3. 变量名：LED0～LED7

在程序中使用的变量名、函数名、标号等统称为标识符。除库函数的函数名由系统定义外，用户函数的函数名由用户自定义。C 语言规定，标识符只能是字母（A～Z，a～z）、数字（0～9）、下划线（_）组成的字符串，并且其第一个字符必须是字母或下划线，即不允许以数字开头！

所以程序里的“LED0～LED7”也可以命名为其他，只要它们都符合上面的命名规则就可以。用户如果觉得喜欢或很有必要，可以定义为miantiao（面条的拼音）。但事实上，作为一个规范的、合格的编程者，在定义用户“标识符”（名字）时，一般都得做到“顾名思义”！LED三个字母，就做到了顾名思义，读者一眼就知道这是一个LED指示灯，但miantiao则会让人想到这是“面条”。

总结：标识符的定义必须做到“顾名思义”，但是一旦定义或声明后，其大小写就确定了，用户在使用时就不能任意修改。

想一想

请读者认真阅读图2-4的源代码，你认为它能编译通过吗？若不行，请将错误提示语句摘录出来，并找出其中的错误并加以纠正。

____

____

____

____

动一动

请判断以下标识符哪些是合法的，并给出解释。1）a；2）book；3）BOOK；4）1abc；5）s@d。

____

____

____

____

____

4. main函数

通过上一章的学习我们已经知道了main函数的基本含义了。

- main函数基本格式是____________________
- main函数有无参数和返回值？____________________
- 任何一个C程序可以有多少个main函数？____________________

5. while语句

格式：

```
while （表达式）
{
    循环体语句（内部也可为空）
}
```

执行过程：先判断表达式里的值是否为真（请注意，在逻辑中，非0表示真，0表示假），如果表达式的值为真，那么执行它下面对应大括号里的循环体语句；如果表达式的值为 0，则跳出 while 语句，执行大括号后的语句。while（1）中的 1 为真，因此 while（1）实际上就是一个永远成立的循环，称为死循环，单片机在不断执行 while（1） 下面对应大括号里的循环体语句。

如果把 while（1）中的“1”换成“2”还会是死循环吗？

注意 while（表达式）的括号后是没有分号的。思考：while（表达式）的括号后加分号的结果是怎样的，为什么？提示：C 语言以分号作为语句结束标志。

2.2.1.2 编程规范

1. 缩进——秩序的重要性

请读者观察图 2-7 所示的程序段，说说它们有何不同？如果你是老师，你会给哪个图点赞，而去批评另外的哪一个图？请说出你的想法。

```
18 void    main(void)
19 {
20     while(1)
21     {
22         if(K1==0)
23         {
24             Yanshi();
25             if(K1==0)
26             {
27                 D1=!D1;
28                 while(K1==0);
29             }
30         }
31     }
32 }
```

a)

```
18 void    main(void)
19 {
20 while(1)
21 {
22 if(K1==0)
23 {
24 Yanshi();
25 if(K1==0)
26 {
27 D1=!D1;
28 while(K1==0);
29 }
30 }
31 }
32 }
```

b)

图 2-7 大括号匹配示意图

事实上，图 2-7a、b 所示的程序段内容完全一样，它们的编译结果也是一样的，也就是说，编译器是不会检查你的程序是否美观、规范的，它在乎你是否有语法错误。那么，是否没有错误就满足了呢？良好的编程习惯，是成为一名合格程序员的基本素质。在这里，强烈建议，甚至是要求读者：必须注意编程规范的养成！

✧ 使用键盘上【Tab】键实现缩进，体现层次关系（注意合理设置 Tab 键实现的空格数）。

✧ 大括号必须清晰匹配，被大括号包围起来的内容就属于大括号开始出的那个语句的内容！

2．注释——并非为了美观

以两个斜杠“//”开始的，只能注释一行。以“/*”开始，以“*/”结尾的，可以注释任意多行。图 2-4 使用了两个斜杠的注释方式，每次对当前行前面的语句进行注释。

为什么要注释呢？简单说，注释的好处是：理解+备忘。进行合理、准确的注释可以帮助读者，甚至是程序员自己理解程序，同时更能帮助程序员在一定时间后唤醒当时的编程意图等。所以，作为初学者，请务必养成习惯——给你写的源程序进行合理的注释。

特别强调：注释对编译器而言是“空气”，完全被忽略的，从这个意义上，注释时读者可以自由发挥，想怎么写就怎么写，但一般地，注释必须做到注释的初衷——方便理解与记忆！

2.2.1.3 字节操作

前面使用位操作实现了 8 个指示灯的全部点亮，但其存在的不足是：当指示灯个数很多时，会使代码显得很冗长。有没有别的办法呢？事实上，我们可以使用字节操作，一次性实现对 8 个指示灯的全部控制。

传统的 8051 单片机有四个并行口，分别是 P0～P3，每个并口有 8 个位，分别是 Px.0～Px.7（其中 x 代表 0～3）。对应地，我们可以设想一个班级分成 4 组，每组有 8 名同学，当要安排某个组执行任务时（比如起立），我们可以一个一个地呼叫这个组的 8 名同学起立（这样必须呼叫 8 次），我们也可以直接称呼某某组的同学起立（这样只需要呼叫 1 次就可以了）。

以 P0 口为例，它有 8 个位，用户可以直接对整个 P0 口直接操作——字节操作，一次性处理 8 个位，用户也可以对 P0 口的一个或多个位进行单独操作——位操作，也称为“原子操作”。如图 2-8 所示，其中 MSB 代表最高位，LSB 代表最低位。我们可以认为 P0 口是班级中的一个小组，这个小组有 8 个成员，字节操作就是对整个组进行操作，位操作是直接对这个组的某个成员进行操作。从这个意义上说，字节操作“牵一发动全身”，而位操作则“各自为政，互不干扰”。

符号	描述	地址	位地址及符号 MSB							LSB	复位值
P0	Port0	80H	P0.7	P0.6	P0.5	P0.4	P0.3	P0.2	P0.1	P0.0	1111 1111B

图 2-8 P0 口

明显地，图 2-4 所示的源程序属于位操作，将 P0.0～P0.7 这 8 个位独立进行操作，对要点亮发光二极管而言，要对这 8 个位分别写 0（低电平），对应表 2-1。

表 2-1 P0 口位状态

位地址	P0.7	P0.6	P0.5	P0.4	P0.3	P0.2	P0.1	P0.0
位状态	0	0	0	0	0	0	0	0

因此，要点亮 P0 口所接的 8 个 LED 指示灯，我们可以使用位操作，8 个灯分别点亮，如图 2-9 所示的方法 1。同样，我们也可以直接对 P0 口直接操作，如图 2-9 所示的方法 2。特别说明：请读者在编译时，只编译方法 1 或方法 2，即将另外一种方法相关的语句“注释掉”!

```
12 void    main(void)//一个工程有且只有一个主函数main
13 {
14     while(1)//死循环，周而复始执行大括号内的代码
15     {
16         //方法1：位操作，需操作8次才能全部点亮
17         LED0=0;//点亮LED0，低电平（0）点亮，高电平（1）熄灭
18         LED1=0;//点亮LED1，低电平（0）点亮，高电平（1）熄灭
19         LED2=0;//点亮LED2，低电平（0）点亮，高电平（1）熄灭
20         LED3=0;//点亮LED3，低电平（0）点亮，高电平（1）熄灭
21         LED4=0;//点亮LED4，低电平（0）点亮，高电平（1）熄灭
22         LED5=0;//点亮LED5，低电平（0）点亮，高电平（1）熄灭
23         LED6=0;//点亮LED6，低电平（0）点亮，高电平（1）熄灭
24         LED7=0;//点亮LED7，低电平（0）点亮，高电平（1）熄灭
25
26         //方法2：字节操作，操作1次即实现全部点亮
27         P0=0x00;//0x代表16进制，0x00转换为二进制：0000 0000
28     }
29 }
```

图 2-9　位操作与字节操作

2.2.2　数制基本知识

在计算机的世界里，只有 0 和 1 这两个基本数码（也称为状态），即计算机只能识别和使用二进制。但当二进制位数较多时，将会是十分冗长，不美观也不简洁，因此“十六进制”横空出世。不严格地说，十六进制的出现完全是“替身”而已，为了表示二进制。

比如二进制：0001 1111 1011 1110 0011 看起来是不是很冗长？自从有了十六进制，再也不用担心一行写不下了，我们可以写作 0x1fbe3。二进制与十六进制存在如下简单的对应关系。

✧ 从右往左，每 4 位二进制完全等价于 1 位的十六进制。

✧ 4 位二进制从左往右，每一位数码对应“8421”关系。

因此，

关系：	8 4 2 1	8 4 2 1	8 4 2 1	8 4 2 1	8 4 2 1
二进制：	0 0 0 1	1 1 1 1	1 0 1 1	1 1 1 0	0 0 1 1
十六进制：	1	f	b	e	3

说明：使用 C 语言编程时，十六进制使用前缀“0x”，其中“x”也可写成大写形式“X”。请注意，0x 中的“0”是数字“0”，不是字母“O”!

依据上述内容，请完成表 2-2 的内容。

表 2-2　各种数制相互关系

十进制	二进制	十六进制
0		
1		
2		

（续）

十进制	二进制	十六进制
3		
4		
5		
6		
7		
8		
9		
10		
11		
12		
13		
14		
15		

动一动

请读者使用字节操作方式，编写控制程序，点亮 P0 口的 8 个 LED 灯编号为 1、3、5、7 四个指示灯。

2.2.3 闪烁的实现

2.2.3.1 全部点亮与全部熄灭

要全部点亮 P0 口所接的 8 个发光二极管，使用字节操作，只需语句“P0=0x00”。这时，P0 口的 8 个位 P0.0～P0.7 都输出 0（低电平），所接的发光二极管点亮。那么，如果要 8 个指示灯全部熄灭呢？使用语句“P0=0xff”，这时 P0 口的 8 个位全部输出 1（高电平）。

到此，我们只需在 while（1）死循环中，分别写“P0=0x00”实现全部点亮，接着写“P0=0xff”实现全部熄灭，然后不断循环。主函数部分如图 2-10 所示。

```
16
17 void    main(void)  //一个工程有且只有一个主函数main【程序基本结构】
18 {
19     while(1)          //死循环，周而复始执行大括号内的代码
20     {
21
22
23         P0=0x00;      //0x代表16进制，0x00转换为二进制：0000 0000,所有灯点亮
24         P0=0xff;      //0x代表16进制，0xff转换为二进制：1111 1111，所有灯熄灭
25     }
26 }
27
```

图 2-10　全部点亮与熄灭

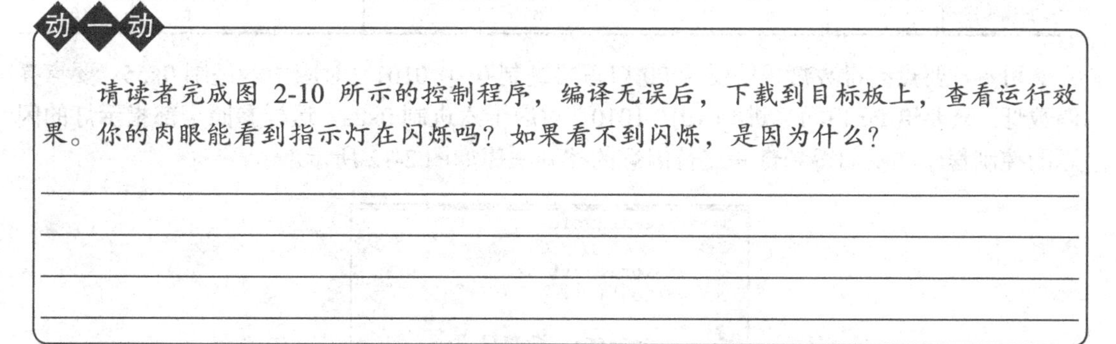

2.2.3.2　“数绵羊”

通过验证我们知道如图 2-10 所示的控制程序，在实际目标板上是看不到闪烁的效果的。这是由于肉眼本身的“反应速度”跟不上变换的速度，存在“视觉暂留”效应。我们看不到变换，是因为变换得太快。因此，如果变换得慢一些，比如 1s 变换一次，毫无疑问我们就能清楚地看出变换了。单片机的变换速度远远超出交流电，肉眼当然无法察觉到单片机的快速变换：点亮——熄灭——点亮——熄灭……

解决的办法是：点亮——延时——熄灭——延时——点亮……

那如何实现延时呢？众所周知，单片机执行程序是需要时间的，好比我们写字、吃饭都需要消耗时间一样，为实现延时的目的，我们可以让单片机去“数绵羊”。当“绵羊”数量很大时，要数完这些“绵羊”就需要较长时间；当“绵羊”数量很少时，要数完它们则需要较短时间。请看图 2-11 所示的主函数，编译无误后，下载到目标板上，观察现象。

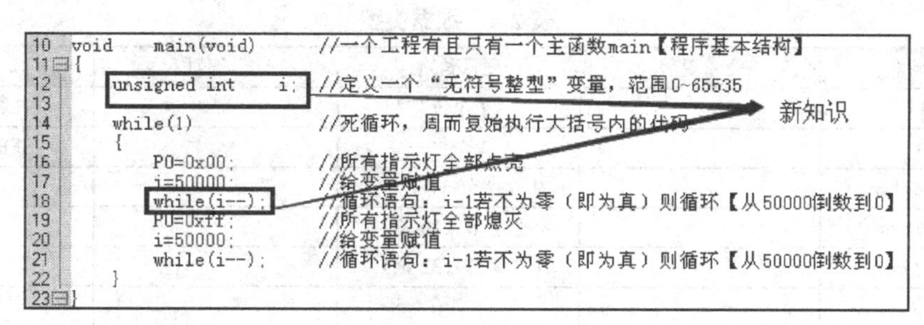

```
10 void    main(void)      //一个工程有且只有一个主函数main【程序基本结构】
11 {
12     unsigned int    i;  //定义一个“无符号整型”变量，范围0~65535
13
14     while(1)            //死循环，周而复始执行大括号内的代码
15     {
16         P0=0x00;        //所有指示灯全部点亮
17         i=50000;        //给变量赋值
18         while(i--);     //循环语句：i-1若不为零（即为真）则循环【从50000倒数到0】
19         P0=0xff;        //所有指示灯全部熄灭
20         i=50000;        //给变量赋值
21         while(i--);     //循环语句：i-1若不为零（即为真）则循环【从50000倒数到0】
22     }
23 }
```


图 2-11　带延时的全部点亮与熄灭

明显地，图 2-11 所示的主函数，通过数 50000 只“绵羊”，实现了闪烁功能，而且通过改变变量 i 的数值，还能实现不同的延时时间（但几乎都是不精确的、粗糙的时间）。

2.2.3.3 模式 2 的实现

我们知道，P0=0x00 实现全部点亮；P0=0xff 实现全部熄灭。那如何实现奇数灯、偶数灯的点亮呢？请看表 2-3。

表 2-3 奇数灯、偶数灯点亮时 P0 口状态

奇偶性	奇数灯	偶数灯	奇数灯	偶数灯	奇数灯	偶数灯	奇数灯	偶数灯
P0 口	P0.7	P0.6	P0.5	P0.4	P0.3	P0.2	P0.1	P0.0
点亮奇数灯	0	1	0	1	0	1	0	1
点亮偶数灯	1	0	1	0	1	0	1	0

可见，要点亮奇数灯，只要给 P0 口写二进制 0101 0101，对应十六进制 0x55；要点亮偶数灯，只要给 P0 口写二进制 1010 1010，对应十六进制 0xaa。这样参照全部指示灯的闪烁的控制程序，我们得到奇偶交替闪烁的控制程序如图 2-12 所示。

```
 1 void main(void)
 2 {
 3   unsigned int i;
 4   while(1)
 5   {
 6     P0=0x55;//奇数灯点亮
 7     i=50000;
 8     while(i--);//延时
 9     P0=0xaa;//偶数灯点亮
10     i=50000;
11     while(i--);//延时
12   }
13 }
```

图 2-12 奇偶交替闪烁的控制程序

请读者使用 keil 编写上述奇偶交替闪烁的控制程序，并下载验证。

2.2.3.4 变量的基本知识

请读者查阅相关资料，完成表 2-4。

表 2-4 数据类型

数据类型	变量说明	变量长度	表示范围	备注
bit		1 个位		普通位变量
sbit		1 个位		SFR 位地址
unsigned char		1 个字节（8 位）		
unsigned int		2 个字节（16 位）		
unsigned long		4 个字节（32 位）		
float		4 字节		

说明：

➢ 8051 是 8 位机，能用 unsigned char 处理的，就不要用 unsigned int 或其他长度超过 1 个字节的情形。这好比，你一次能打一桶水，就尽量不要一次打两桶水，甚至 4 桶水。

表面上，好像能力强了，但却耗费了太多精力。

➢ 再次强调，读者在定义变量时，请务必千万注意表示范围！比如你定义了 unsigned char 类型的变量，却企图给它赋值 1000，这是无法实现的。

➢ 变量名是自己定义的，如前所述，建议在命名变量时做到“顾名思义”。再次提醒读者，C 语言是严格区分大小写的。

1. 请读者自行改变 i 的数值（0～65535），观察指示灯闪烁快慢。

2. 如果将 i 定义为 unsigned char 类型，其他地方不变，还能达到一样的闪烁效果吗？为什么？提示：unsigned char 的表示范围是 0～255。

3. 如果要实现数 100000 只“绵羊”，该怎么办呢？提示：1）改变变量类型；2）分几次实现。

4. 请找出下列代码中存在的错误，并给予修正。

```
10 void    mian(void)        //一个工程有且只有一个主函数main【程序基本结构】
11 {
12     unsigned char   i;   //定义一个“无符号整型”变量，范围0~65535
13
14     while(1) ;           //死循环，周而复始执行大括号内的代码
15     {
16         p0=0x00;         //所有指示灯全部点亮
17         i=50000;         //给变量赋值
18         While(i--);      //循环语句：i-1若不为零（即为真）则循环【从50000倒数到0】
19         P0=0xff;         //所有指示灯全部熄灭
20         i=50000;         //给变量赋值
21         While(i--);      //循环语句：i-1若不为零（即为真）则循环【从50000倒数到0】
22     }
23 }
```

5. 图 2-11 使用的是“倒计数”方式（从初值减少到 0），读者能否编写“正计数”方式的延时呢（从 0 增加到设定的数）？提示：使用“++”实现“增计数”，并判断变量 i 是否小于某个设定数实现循环。

2.2.4 延时子函数的使用

在前面的学习中，我们明确了“位操作”和“字节操作”各自的特点。一般地，如果

需要对成组数据进行处理，使用字节操作会简洁很多。现在我们来解决模式 4 问题，该模式要求依次点亮其中一个发光二极管并循环。我们可以使用位操作，但需要在点亮下一个指示灯时熄灭上一个指示灯，否则就无法实现每次只点亮一个灯的要求了。如果是字节操作，则通过给 P0 口合适的数值，确保每次只有一个位输出低电平，其他位均为高电平，见表 2-5，P0 口写入不同的数值，实现每次点亮其中一个指示灯。

表 2-5　依次点亮一个灯

序号	P0 口数值	对应二进制	指示灯状态
1	0xfe	1111 1110	点亮第 0 个灯
2	0xfd	1111 1101	点亮第 1 个灯
3	0xfb	1111 1011	点亮第 2 个灯
4	0xf7	1111 0111	点亮第 3 个灯
5	0xef	1110 1111	点亮第 4 个灯
6	0xdf	1101 1111	点亮第 5 个灯
7	0xbf	1011 1111	点亮第 6 个灯
8	0x7f	0111 1111	点亮第 7 个灯

在学习并掌握模式 2、模式 3 的基础上，相信读者可以很容易得到如图 2-13 所示的模式 4 的控制程序，请读者下载并验证程序。

```
01 #include    <reg51.h>//包含头文件，类似包含班级名称【预处理】
02
03 /*************************************************************************
04 任务3：依次点亮其中一个灯，即P0.0亮-P0.1亮-P0.2亮-P0.3亮...-P0.7亮....
05 *************************************************************************/
06
07 void    main(void)//一个工程有且只有一个主函数main【程序基本结构】
08 {
09     unsigned int i;//定义"无符号整型变量"，可表达数的范围0~65535
10
11     while(1)        //死循环，周而复始执行大括号内的代码
12     {
13         P0=0xfe;    //1111 1110
14         i=50000;    //赋值：50000给变量i
15         while(i--);//循环50000次【循环体为空】
16         P0=0xfd;    //1111 1101
17         i=50000;    //赋值：50000给变量i
18         while(i--);//循环50000次【循环体为空】
19         P0=0xfb;    //1111 1011
20         i=50000;    //赋值：50000给变量i
21         while(i--);//循环50000次【循环体为空】
22         P0=0xf7;    //1111 0111
23         i=50000;    //赋值：50000给变量i
24         while(i--);//循环50000次【循环体为空】
25         P0=0xef;    //1110 1111
26         i=50000;    //赋值：50000给变量i
27         while(i--);//循环50000次【循环体为空】
28         P0=0xdf;    //1101 1111
29         i=50000;    //赋值：50000给变量i
30         while(i--); //循环50000次【循环体为空】
31         P0=0xbf;    //1011 111
32         i=50000;    //赋值：50000给变量i
33         while(i--); //循环50000次【循环体为空】
34         P0=0x7f;    //0111 1111
35         i=50000;    //赋值：50000给变量i
36         while(i--); //循环50000次【循环体为空】
37     }
38 }
```

图 2-13　模式 4 控制程序

仔细观察图 2-13 所示的控制程序，我们发现每次改变 P0 口的状态语句下面都出现了完全一致的两条语句：

i=50000;　　//赋值：50000 给变量 i

while（i--）;//循环 50000 次【循环体为空】

有没有办法不要每次都写这两条语句呢？答案是肯定的。C 语言程序是由一个个函数组成的，好比一个班级由一个个不同的个体组成，我们可以假设每个个体就是一个函数，它具有特定的功能，如班长、学习委员、普通同学等。一个班级需要有一个班主任来管理，同样一个 C 语言程序也必须有一个而且只能有一个“主函数 main”来实现对其他函数（我们称之为“子函数”）的调配与管理，从而实现一个期望的控制目标。必须强调的是：主函数 main 有且只有一个，必不可少。

因此，我们完全可以将上述两条实现延时的语句组织起来，用一个子函数来封装起来，主函数 main 只需简单“调用”这个函数即可，如图 2-14 所示。

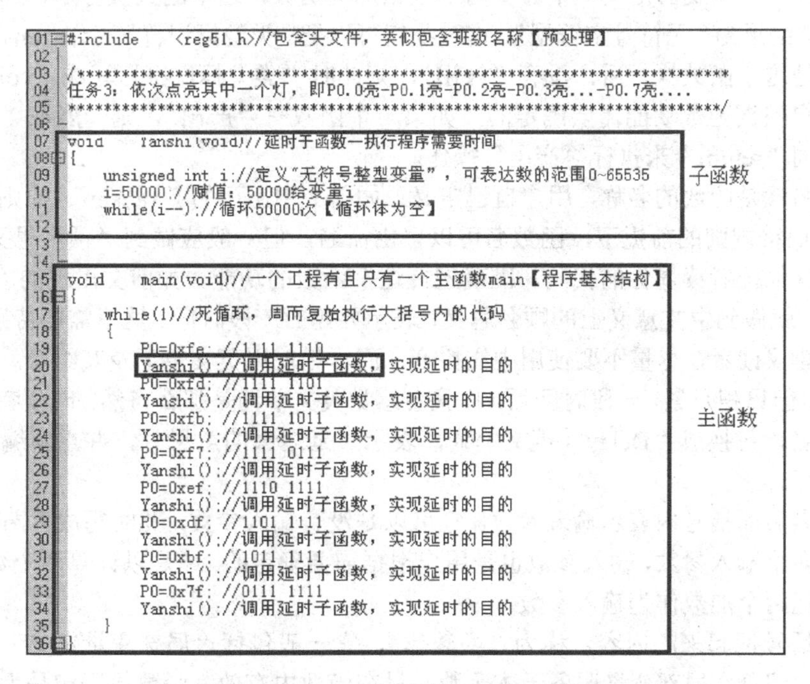

```
01 #include    <reg51.h>//包含头文件，类似包含班级名称【预处理】
02
03 /************************************************************************
04 任务3：依次点亮其中一个灯，即P0.0亮-P0.1亮-P0.2亮-P0.3亮...-P0.7亮....
05 ************************************************************************/
06
07 void    Yanshi(void)//延时子函数—执行程序需要时间
08 {
09     unsigned int i;//定义"无符号整型变量"，可表达数的范围0~65535
10     i=50000;//赋值：50000给变量i
11     while(i--);//循环50000次【循环体为空】
12 }
13
14
15 void    main(void)//一个工程有且只有一个主函数main【程序基本结构】
16 {
17     while(1)//死循环，周而复始执行大括号内的代码
18     {
19         P0=0xfe; //1111 1110
20         Yanshi();//调用延时子函数，实现延时的目的
21         P0=0xfd; //1111 1101
22         Yanshi();//调用延时子函数，实现延时的目的
23         P0=0xfb; //1111 1011
24         Yanshi();//调用延时子函数，实现延时的目的
25         P0=0xf7; //1111 0111
26         Yanshi();//调用延时子函数，实现延时的目的
27         P0=0xef; //1110 1111
28         Yanshi();//调用延时子函数，实现延时的目的
29         P0=0xdf; //1101 1111
30         Yanshi();//调用延时子函数，实现延时的目的
31         P0=0xbf; //1011 1111
32         Yanshi();//调用延时子函数，实现延时的目的
33         P0=0x7f; //0111 1111
34         Yanshi();//调用延时子函数，实现延时的目的
35     }
36 }
```


图 2-14　模式 4 控制程序（while 语句）

请读者调试图 2-14 的源代码，并验证。在操作过程中，请务必注意大小写问题。我们已反复强调：C 语言是严格区分大小写的。

要调用一次函数必须先定义或声明，图 2-14 中的主函数 main 调用了 Yanshi 子函数，而 Yanshi 子函数在 main 之前已定义了。请读者把子函数的定义写在主函数 main 的下面，再次编译程序，就会发现编译错误，这是因为犯了“先斩后奏”的错误——先调用了 Yanshi 子函数，后再定义这个 Yanshi 子函数。如果一定要把 Yanshi 子函数定义在主函数 main 的下面，则只能在主函数 main 前面“声明”这个在下面定义的 Yanshi 子函数。再次强调并请读者记住：无论是变量还是函数，要使用必先定义或声明！

那如何定义或声明一个函数呢？

2.2.4.1　函数的定义

函数定义的一般格式为

```
类型标识符 函数名（形式参数列表）
{
    //局部变量定义
    //函数体语句
}
```

其中，“类型标识符”表示该函数执行后返回值的数据类型，如果该函数无返回值，可以写成 void。类型标识符可以理解成这个函数的“产出”——执行后输出一个对应数据类型的结果。比如我们定义一个计算两个数相加的函数，这个函数执行后，返回相加的结果，并假定结果为“无符号字符型”，这时我们可以把“类型标识符”写作“unsigned char”；同理，若是这个函数执行后，没有“产出”，则此时“类型标识符”写成“void”。类型标识符是用户根据函数功能需要确定的，如果一个函数有“产出”，则一般在“函数体”中会有关键词“return”来执行“产出”操作。

函数名就是函数的名称，用户自己定义，如前文中出现的“Yanshi”。原则上，在符合 C 语言标识符规则的前提下，函数名可以自由命名，但一般应做到“顾名思义”，方便自己也方便其他读者读懂你的代码，准确把握这个函数的功能。如前文出现的“Yanshi”这个函数名，就做到中文意义上的顾名思义，表示要延时一段时间。这里需要特别强调的是：我们强烈建议读者，尽量不要使用中文拼音，而尽量使用英文单词及其组合。虽然刚开始比较困难，但日积月累，一段时间后，你就会感觉英文单词是那么自然。请读者把“Yanshi”这个函数名，替换成“Delay（英文单词，表示“延迟”的意思）”，并重新编译程序，验证是否可行。

函数名后面括号内表示输入参数，它可以是没有输入参数，此时写成“void”，也可以有一个或多个输入参数，输入参数也是用户根据需要确定的。还是以计算两个数相加为例，我们可以把两个加数作为输入参数。

被大括号括起来的内容，称为“函数体”，它一般包括“局部变量定义”和“函数体语句”两大部分。局部变量服务于本函数，只在函数内有效，函数体语句是为完成函数的特定功能而设置的语句。

综上所述，我们给出两个数相加的子函数，请读者回答如下问题。

```
unsigned char Sum(unsigned char add1,unsigned char add2)
{
    unsigned char Add_Sum;     //定义保存相加结果的局部变量
    Add_Sum=add1+add2;         //执行加法运算
    return Add_Sum;            //返回计算结果

}
```

1）这个函数的类型标识符是________________

2）这个函数的局部变量是________________

3）这个函数的函数名________________

4）这个函数的输入参数有____

5）return 的意思是____

2.2.4.2 函数的声明

前文已反复强调：变量或函数要使用必先定义或声明。图 2-14 中的控制程序，在主函数 main 中调用了“Yanshi”子函数，满足先定义后调用的条件。但如果把“Yanshi”子函数定义在主函数 main 的后面，则会出现“先调用后定义”的错误，这时我们可以进行“声明”操作——在主函数 main 前面声明“Yanshi”子函数，如下：

```
void Yanshi(void);//声明 Yanshi 了函数
```

可见，声明一个函数就是去掉函数定义中的“函数体”部分，同时增加一个“分号”。

请读者把“Yanshi”子函数放在主函数 main 的后面，并在 main 之前添加“Yanshi”子函数的声明操作，然后验证程序。

2.2.4.3 函数的调用

我们可以使用“函数名”来实现对函数的调用。根据有无返回值、有无输入参数，函数的调用有如下几种样式。

- 无返回值，无输入参数，样式：函数名（ ）。
- 无返回值，有输入参数，样式：函数名（参数列表）。
- 有返回值，无输入参数，样式：存放结果的变量=函数名（ ）。
- 有返回值，有输入参数，样式：存放结果的变量=函数名（参数列表）。

函数调用的样式，必须与函数定义或声明相吻合。

动一动

请编写一个带有输入参数（数据类型为 unsigned int）的延时子函数，要求实现指示灯与指示灯点亮的时间间隔逐渐加长，并下载验证。

2.2.5 循环语句的使用

2.2.5.1 while 语句

前文我们通过让单片机去“数绵羊”实现了延时的目的，其关键语句是“while (i--) ;”。而且我们知道给变量 i 赋予不同的数值，可实现长短不一的延时。事实上，“while”是 C 语言的一个关键词，属于“循环语句”的一种。

采用 while 语句构成循环结构的一般形式如下。

```
while （条件表达式）
{
    //语句
}
```

当条件表达式的结果为“真”（非 0 值）时，程序就重复执行后面的“语句”，一直执行到条件表达式的结果变为“假”（0 值）为止。这种循环结构是先检查条件表达式所给出的条件，再根据检查的结果决定是否执行后面的语句。如果条件表达式的结果一开始就为假，则后面的语句一次也不会被执行。如果要保证“语句”至少被执行一次，可采用“do...while”形式的 while 语句，感兴趣的读者请查阅资料，自主学习。

如果 while 循环语句不需要重复执行某些语句，则 while 语句可简化成如下形式：

```
while （条件表达式）;
```

如果语句 A 需要被执行 1000 次，请问如下 while 语句能否实现目标，并给出解释。

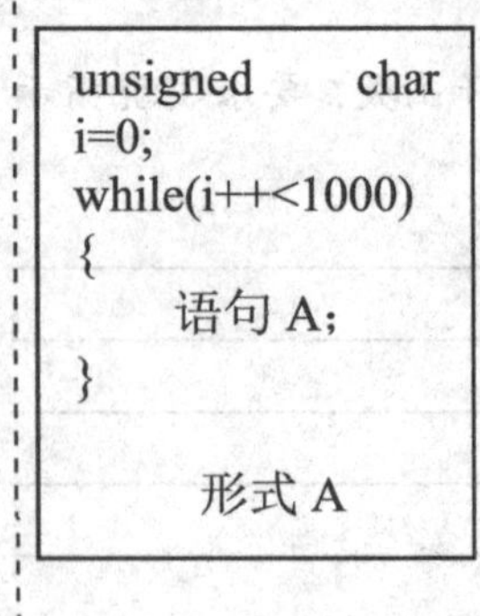

```
unsigned char i=0;
while(i++<1000)
{
    语句 A;
}
```

形式 A

```
unsigned int i=1000;
while(i--)
{
    语句 A;
}
```

形式 B

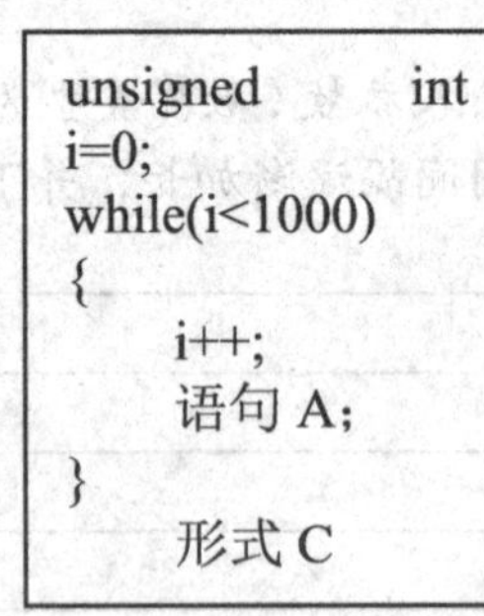

```
unsigned int i=0;
while(i<1000)
{
    i++;
    语句 A;
}
```

形式 C

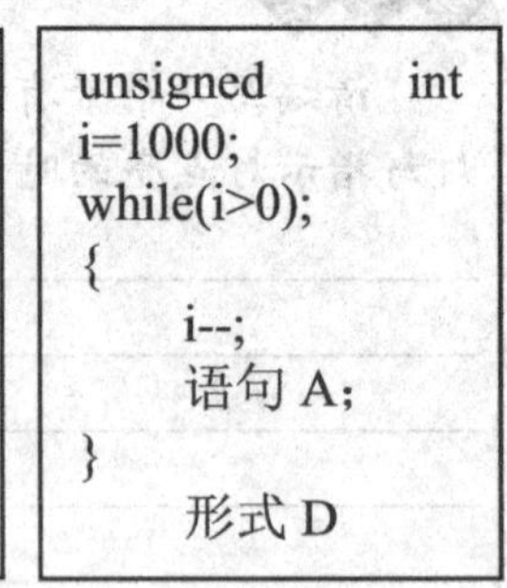

```
unsigned int i=1000;
while(i>0);
{
    i--;
    语句 A;
}
```

形式 D

2.2.5.2 for 语句

实现循环结构的语句，除了前面介绍的 while 语句外，我们还可以使用 for 语句。请读者调试、验证图 2-15 的控制程序，并注意观察与图 2-14 控制程序的联系与区别。

```
01 #include   <reg51.h>//包含头文件，类似包含班级名称【预处理】
02
03 /*****************************************************************
04 任务3：依次点亮其中一个灯，即P0.0亮-P0.1亮-P0.2亮-P0.3亮...-P0.7亮....
05 *****************************************************************/
06
07 void    Yanshi(void)//延时子函数-执行程序需要时间
08 {
09     unsigned int i;//定义"无符号整型变量"，可表达数的范围0~65535
10     for(i=50000;i>0;i--);//把50000赋值给变量i，判断i是否大于0，如果为真，
11                          //则执行i--，如果为假，则跳出for语句
12 }
13
14
15 void    main(void)//一个工程有且只有一个主函数main【程序基本结构】
16 {
17     while(1)//死循环，周而复始执行大括号内的代码
18     {
19         P0=0xfe; //1111 1110
20         Yanshi();//调用延时子函数，实现延时的目的
21         P0=0xfd; //1111 1101
22         Yanshi();//调用延时子函数，实现延时的目的
23         P0=0xfb; //1111 1011
24         Yanshi();//调用延时子函数，实现延时的目的
25         P0=0xf7; //1111 0111
26         Yanshi();//调用延时子函数，实现延时的目的
27         P0=0xef; //1110 1111
28         Yanshi();//调用延时子函数，实现延时的目的
29         P0=0xdf; //1101 1111
30         Yanshi();//调用延时子函数，实现延时的目的
31         P0=0xbf; //1011 1111
32         Yanshi();//调用延时子函数，实现延时的目的
33         P0=0x7f; //0111 1111
34         Yanshi();//调用延时子函数，实现延时的目的
35     }
36 }
```

子函数

主函数

图 2-15 模式 4 控制程序（for 语句）

通过实践、对比，我们知道图 2-14 和图 2-15 的区别在于：图 2-14 使用 while 语句构成循环结构，而图 2-15 使用 for 语句构成循环结构。两者均实现了模式 4 的控制要求。下面我们来认识一下 for 语句。

采用 for 语句构成循环结构的一般形式如下：

```
for （[初值设定表达式]; [循环条件表达式]; [更新表达式]）
{
    循环体语句（若无可留空）
}
```

for 语句的执行过程是：先计算出“初值设定表达式”的值作为循环控制变量的初值，再检查“循环条件表达式”的结果，当满足条件时就执行循环体语句，然后再根据“更新表达式”的计算结果来判断循环条件是否满足，一直进行到“循环条件表达式”的结果为假（0 值）时退出循环。

想一想

请读者观察 for（i=50000;i>0;i--）语句，回答以下问题：

1）该语句的“初值设定表达式”是________________

2）该语句的“循环条件表达式”是________________

3）该语句的“更新表达式”是________________

4）请说明该语句的执行过程________________

动一动

请分别使用 while、for 语句，写出不少于 4 种形式的循环语句，要求实现循环 100 次。假设已定义了无符号字符型（unsigned char）的变量 i。提示：请分别考虑变量递增（++）、变量递减（--）方式。

2.2.6 数组的使用

请读者仔细阅读图 2-15 的控制程序，发现虽然编写了延时子函数 Yanshi，但主函数中 while（1）循环体的内容还是显得“臃肿”。而且发现，每次调用 Yanshi 子函数之前，都执行了对 P0 口写入某个“可以预先确定的”数值的操作。在 while（1）死循环中，如下语句被执行 8 次后并循环：

P0=一个预先可确定的数值，对应点亮一个指示灯;

Yanshi();//调用延时子函数

这样，我们可以将图 2-14 的控制程序的主函数 main 简化成如下样式：

```
void main(void)
{
    unsigned char i;//定义局部变量，用以循环 8 次
    for(i=0;i<8;i++)
    {
        P0=一个预先可确定的数值，对应点亮一个指示灯;
        Yanshi();//调用延时子函数
    }
```

对照图 2-14 的主函数，上述主函数形式显得十分简洁。但问题是，如何对 P0 口赋值呢？

既然每次送给 P0 口的数据是可以预先确定的，我们可以将要写给 P0 口的数值预先准备好（请参考表 2-5），然后根据当前次序，将准备好的、对应的数值写到 P0 口。这其实就是“数组的使用”了。请读者认真阅读图 2-16 所示的控制程序，并下载验证，观察执行效果。

```
01 #include    <reg51.h> //包含头文件，类似包含班级名称【预处理】
02
03 /***************************************************************************
04 任务3：依次点亮其中一个灯，即P0.0亮-P0.1亮-P0.2亮-P0.3亮...-P0.7亮....
05 ***************************************************************************/
06
07 void    Yanshi(void)     //延时子函数-执行程序需要时间
08 {
09     unsigned char i,j;  //定义2个“无符号字符型变量”，可表达数的范围0~255
10     for(i=0;i<100;i++)  //外循环，循环100次
11     {
12         for(j=0;j<250;j++);  //内循环250次
13     }
14 }
15
16 unsigned char  Biaoge[]={0xfe,0xfd,0xfb,0xf7,0xef,0xdf,0xbf,0x7f};//定义【数组】，然后查表即可
17
18 void    main(void)       //一个工程有且只有一个主函数main【程序基本结构】
19 {
20     unsigned char i;    //定义变量，用来计数
21     while(1)
22     {
23         for(i=0;i<8;i++) //循环8次
24         {
25             P0=Biaoge[i];
26             Yanshi();       //调用延时子函数
27         }
28     }
29 }
```

图 2-16　模式 4 控制程序（数组法）

图 2-16 所示的控制程序，涉及数组的定义、数组的引用等基本知识。下面我们一起来学习。

2.2.6.1　数组的定义

数组是一组有序数据的集合，数组中的每一个数据都属于同一种数据类型。前文反复强调：C 语言要使用必先定义或声明。数组也一样，必须先定义，然后才能使用。

一维数组的定义形式如下：

数据类型 [存储器类型] 数组名[常量表达式]={常量表达式表};

其中，用中括号“[]”括起来的表示非必要项，可以没有。

“数据类型”说明了数组中各个元素的类型，如图2-16中的数据类型为“unsigned char”，说明该数组中的所有元素都是“无符号字符型”的，其范围限制在0～255（对应十六进制0x00～0xff）。

“数组名”是整个数组的标识符，用户自己命名，建议做到“顾名思义”。

“常量表达式”说明了数组的长度，即数组中元素的个数。常量表达式必须用方括号“[]”括起来。如果常量表达式不写，则数组的长度由后面的“常量表达式表”中的常量个数确定。

“常量表达式表”中给出各个数组元素的初值。需要特别强调的是：在定义数组时，数组初值的个数必须小于或等于数组的长度（即常量表达式），否则将会导致编译出错！

C语言对数组的初始赋值有以下几点规定。

1）可以只给部分元素赋初值。当{ }中值的个数少于元素个数时，只给前面部分元素赋值。例如：int a[10]={0,1,2,3,4};表示只给a[0]～a[4]5个元素赋值，而后5个元素自动赋0值。

2）只能给元素逐个赋值，不能给数组整体赋值。例如给10个元素全部赋1值，只能写为：

```
int a[10]={1,1,1,1,1,1,1,1,1,1};
```

而不能写为：

```
int a[10]=1;
```

3）不给可初始化的数组赋初值，则全部元素均为0值。

4）如给全部元素赋值，则在数组说明中，可以不给出数组元素的个数。例如：

```
int a[5]={1,2,3,4,5};
```

可写为：

```
int a[]={1,2,3,4,5};
```

“存储器类型”是一个可选项，根据应用场合而设定。如果用户期望在程序运行中可以动态修改数组的元素，则说明数组的“存储器类型”为数据存储器RAM，因为只有RAM可以随机读写，这时可不写存储器类型。如果用户期望一旦定义好数组，其所有元素的数值就固定不变，用户只可以查询，不允许修改，则可将“存储器类型”确定为程序存储器ROM，这时必须使用关键字“code”来表示。

数组的一个非常有用的功能就是查表。在程序存储器中设定一个数组后，C编译器就会在系统的存储空间开辟一个区域用于存储该数组的内容。对于字符数组而言，数据占据了存储器中一串连续的字节位置。对于其他数组，如整形（int）数组，将在存储区占据一串连续的双字节位置，依此类推。

注意：声明数组时也可以不用声明数组的存储类型，这时数组默认存放在数据存储器中。

请读者在图 2-16 定义的数组中，添加存储器类型为“code”，并重新编译程序，观察如图 2-17 所示的编译结果，并回答问题：

```
Build target 'Target 1'
assembling STARTUP.A51...
compiling 玩转流水灯.c...
linking...
Program Size: data=9.0 xdata=0 code=54
"玩转流水灯" - 0 Error(s), 0 Warning(s).
```

图 2-17　编译结果

1. 请解释 data、xdata、code 所代表的含义。

2. 请对比有无“code”编译后 code 的数值，这说明了什么问题？

想一想

请定义一个数组，元素的数据类型为无符号字符型（unsigned char），存储空间是程序存储器（code），数组名为 Table，数组的前 10 个元素的值分别为 1～10。数组 Table[4] 的值是什么？

2.3 任务实施

通过本章前面的学习与实践，我们完成了模式 1 至模式 4 的显示，其中对于模式 4 我们还采用了几种不同的实现方法。读者应该树立起“条条道路通罗马”的意识，一个问题的解决方法往往不是只有一种，区别在于“效率”和“成本”。这里强烈建议读者：一定要多加练习，反复练习，多加思考、反复思考。唯有如此，才能不断地在失败中吸取教训，在成功中体验喜悦。下面让我们一起解决剩余几种模式的显示吧！

模式 5　依次点亮全部指示灯并循环。

模式 6　依次点亮全部指示灯再逆序依次全部熄灭并循环。

模式 7　从两边依次点亮所有指示灯，再从中心依次熄灭全部指示灯。

模式 8　从中间依次点亮全部指示灯，再从两边依次熄灭全部指示灯。

模式 5 要求依次点亮全部指示灯并循环，参照模式 4 的实现，我们首先建立表 2-6，并请读者完成此表。

表 2-6　依次全部点亮指示灯

序号	二进制	十六进制	指示灯亮灭情况
1	1111 1110		点亮 1 个灯
2	1111 1100		点亮 2 个灯
3	1111 1000		点亮 3 个灯
4	1111 0000		点亮 4 个灯
5	1110 0000		点亮 5 个灯
6	1100 0000		点亮 6 个灯
7	1000 0000		点亮 7 个灯
8	0000 0000		点亮 8 个灯

动一动

由于指示灯的点亮是有时间间隔的，我们必须编写一个延时子函数。到目前为止，读者已经掌握了 while、for 语句构成的循环结构，请读者分别用 while、for 语句编写不少于 4 种不带输入参数的延时子函数，并分别命名为 Delay1 ~ Delay4。

与模式 4 相类似，有多种方法可以实现模式 5，这里我们使用较为简洁的“数组法”来实现。为此，请读者首先定义一个数组，名称为 Led_Tab，要求该数组是“无符号字符型”，有 8 个元素，存储器类型是“code”。

最后剩下主函数 main 的编写了，只要在 while（1）死循环中添加一个循环 8 次的 for 语句就可以了。请读者完成模式 5 的整个控制程序，并调试及验证。

模式 6~8 的实施，与模式 5 十分类似，请读者自行完成，尽可能采用多种方法来实现，并比较不同方法之间的优缺点。

2.4 巩固练习

1. 在使用变量或函数时，一般是要求先定义或声明，然后再使用，还是反过来？

2. 请解释在定义数组时，存储器类型有没有“code”字样有什么区别？

3．假设定义了一个有 10 个元素的数组 Tab，请问有没有存在 Tab[10]这个变量？为什么？

4．通过“数绵羊”可以实现延时的目的，但这种延时方法所产生的时间间隔是粗糙的，难以实现较为精确的延时。这里给读者介绍一个“捷径”：使用 STC-ISP 软件，可方便产生各种时长的延时函数，如图 2-18 所示。应特别注意系统频率的选择！

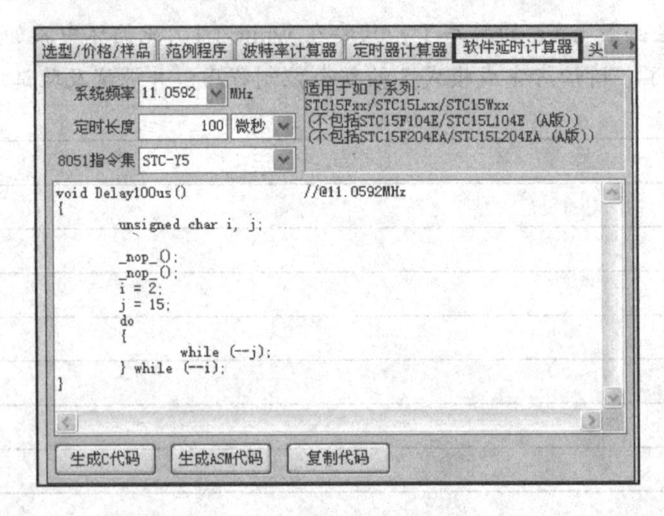

图 2-18　用 STC-ISP 软件产生延时函数

请读者利用上述“捷径”，完成如表 2-7 所示任务，要求使用带有输入参数的延时子函数。

表 2-7　任务要求

序号	指示灯亮灭情况	时间间隔
1	点亮 1 个灯	200ms
2	点亮 2 个灯	400ms
3	点亮 3 个灯	600ms
4	点亮 4 个灯	800ms
5	点亮 5 个灯	1000ms
6	点亮 6 个灯	1200ms
7	点亮 7 个灯	1400ms
8	点亮 8 个灯	1600ms

第 3 章

按键检测

1）了解按键动作过程，熟悉按键检测的基本原理。

2）进一步掌握 C 语言基础知识（常见运算符、选择语句、循环语句等），重点掌握 if 语句的基本功能、使用方法。

3）进一步熟悉 C51 编程规范并自觉遵守基本规范。

4）进一步熟悉 Keil 软件的使用。

某电子设备使用 STC15F2K60S2 单片机作为主控制器，该设备上接有 8 个 LED 指示灯，要求用户每按一次按键 S1，依次点亮其中一个 LED。假定你负责这部分功能的设计与调试，主管要求在 2 天内实现上述功能。

3.1 任务分析

按键是一种非常常见的输入设备。当用户以某种方式操作按键时，单片机检测到按键被操作（可以是短按、长按、双击等），做出相应的处理。就本章而言，要求按键每按 1 次，依次点亮其中 1 个指示灯。也就是说，单片机首先必须检测按键有没有按下，若按下，还要判断是第几次按下。第 1 次按下点亮第 0 个灯，依此类推，第 8 次按下点亮第 7 个灯。若是第 9 次按下则相当于第 1 次按下，点亮第 0 个灯。因此，单片机还必须记忆并处理按键按下的次数，并进行相应的处理。

因此，要完成本章任务，我们必须：

1）了解按键如何与单片机连接——按键电路设计。

2）如何判断按键是否按下——按键检测。

3）如何记录判断按下的次数，并点亮相应的发光二极管——按键处理。

3.2 知识链接

3.2.1 按键电路设计

8051 单片机的 I/O 口的状态一般有两种：低电平和高电平。当然还可能是高阻态。发光二极管作为输出设备，主要依靠单片机主动输出 0（低电平）或 1（高电平）来实现二极管的点亮与熄灭。而按键作为输入设备，是通过检测所连接的 I/O 口的状态来判断按键是否被按下。

因此，按键与单片机有两种连接方式：

1）以检测到 I/O 口为高电平表示按键按下，则平时按键没有按下时对应的 I/O 必须保持为低电平。

2）以检测到 I/O 口为低电平表示按键按下，则平时按键没有按下时对应的 I/O 必须保持为高电平。

表面上看，似乎两种方式都可行。但如果考虑到单片机复位后 P0～P3 都为高电平，若使用方式 1 必须额外使用外部电路，确保单片机一旦通电就将按键所连接的 I/O 口拉为低电平，否则将会导致按键检测失败（错误）。

因此，一般情况下，我们总是选择方式 2 的连接方法，如图 3-1 所示。图 3-1 中，使用了 4 个按键，分别接到 P3.2、P3.3、P2.3 以及 P2.4，其中 R9～R12 作为限流电阻使用，起到保护 I/O 口的作用。

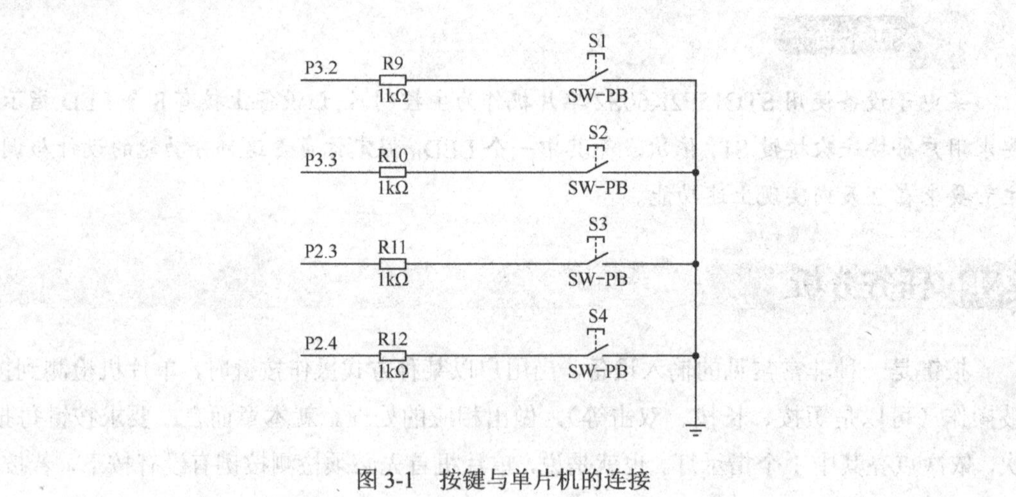

图 3-1 按键与单片机的连接

明显地，由于单片机复位后，4 个按键对应的 4 个 I/O 口均为高电平，此时读取 I/O 口的状态，只能读到“1”（高电平）。若按键按下，则相应的 I/O 口将被拉低，此时读取 I/O 口的状态，将读到“0”（低电平）。因此，用户可以根据读取到的 4 个按键对应的 I/O 口的状态，判断按键是否被按下。

3.2.2 按键检测原理

根据前文描述，可知按键没有按下时，对应的 I/O 口为高电平；按键被按下时，对应的 I/O 口为低电平，如图 3-2 所示。

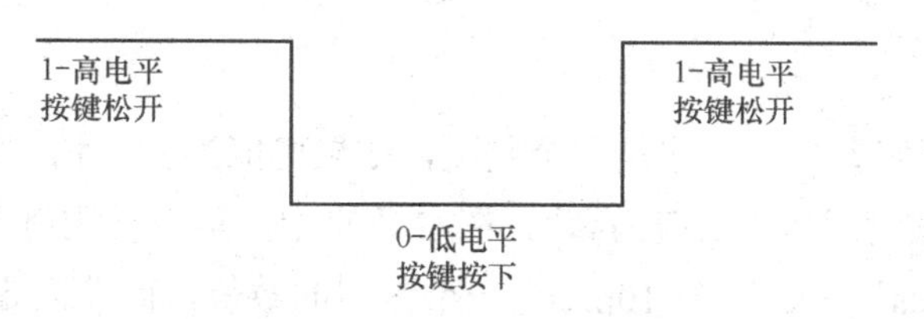

图 3-2 按键理想动作过程

事实上，图 3-2 所示的按键动作过程是理想化的，真实的机械按键，在按下和松开时，都会存在一定程度上的“抖动”，如图 3-3 所示。在抖动期间，会出现多个高、低电平变换，这期间的高、低电平不能用于判断按键是否按下或松开。因此，必须在按键稳定状态下进行检测。这好比你去体检，不能一赶到医院就立即去做心电图，而必须稍作休息，等心跳处于平稳状态才进行检测，否则所做的心电图往往是不准确的。

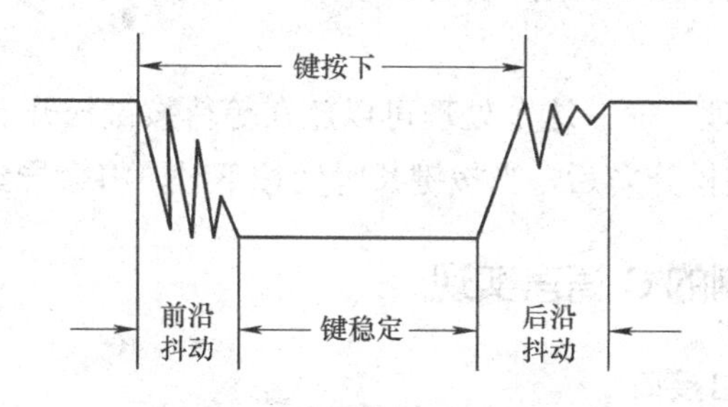

图 3-3 真实按键工作过程

因此，当你检测到按键口为高电平，并不一定意味着按键松开；同样，当你检测到按键口为低电平，也并不一定意味着按键按下。按键检测必须避开按键抖动期间，当按键处于稳定状态下，才能依据检测到的按键口状态判断按键是否被按下。

当按键按下或按键松开时，会出现抖动。请读者观察图 3-3，这个抖动过程实际上持续时间并不长，它属于过渡过程。一般抖动若干毫秒后，就会进入稳定状态。因此，可以得出图 3-4 所示按键检测的基本流程。

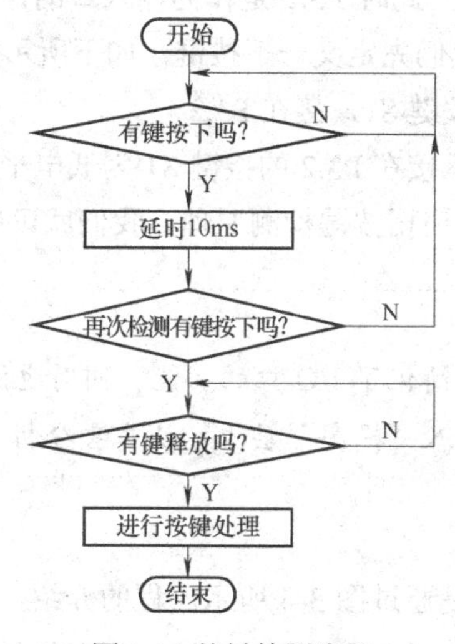

图 3-4 按键检测流程

说明：

➢ “有键按下吗？”——这是一个判断，结果可能为真（Y，按键对应I/O口为低），也可能为假（N，按键对应I/O口为高）。在C语言中，可以使用if语句来实现判断功能。

➢ “延时10ms”——这个10ms是一个常用的数值，而非固定值、精确值。用户延时20ms、30ms都可以。延时的目的是避开抖动过程。

➢ “再次检测有键按下吗？”——同样是一个判断，经过延时后的按键已处于稳定状态，这时可以“一锤定音”，若还为低电平则表明按键是真的按下了，若恢复为高电平则表明是抖动造成的。同理，仍需使用if语句实现判断功能。

➢ “有键释放吗？”——这是等待按键松开，避免一次按下多次响应的情形。这其实是个原地循环，按键若按下，则“原地踏步”，程序不向下执行。我们可以使用while语句实现按键是否释放。

➢ “进行按键处理”——这个处理可以放在等待按键松开之前，也可以放在按键松开之后。若是放在按键松开之后，当按键长时间按下时，将会导致按键处理“严重滞后”。

3.2.3 按键检测的C语言实现

3.2.3.1 输入/输出接口

8051单片机的P0～P3口是“双向口”，既可以作为输入，也可以作为输出。前两章我们使用P0口作为输出，外接了8个发光二极管，并通过对P0口或其中某个位写1或写0实现对发光二极管的亮灭控制。本章要进行按键检测，毫无疑问，这时的I/O口只能作为输入口，通过判断相应位的信号状态，来实现对外接输入信号的高低判断。可以简单地理解成，如果把数据送给I/O口，则此时I/O口作为输出口；如果直接使用I/O口进行判断，则作为输入口。

以接在P3.2的按键为例，此时P3.2是作为输入口的，我们直接使用这个位，而不是给这个位写1或写0。这里我们先定义一下按键，如下所示：

```
sbit    S1 = P3^2;//定义按键S1，接在P3.2
```

此时，如果S1=0，则表示接在P3.2的按键S1为低电平；如果S1=1，则表示接在P3.2的按键S1为高电平。这样，根据按键检测原理，我们就可以检测按键有没有被按下了！

事实上，我们这里大大简化了I/O口的功能，同时也没有对I/O结构进行介绍。希望有心的读者，可以尽快进入“提高”层次，认真去分析I/O口的功能与结构。

3.2.3.2 一个简单示例

经过前面的学习，特别是通过图3-4所示流程的介绍，我们就可以对按键检测进行编程了。作为一个简单的示例，要求按键每按1次，指示灯的状态全部取反。请读者认真阅读图 3-5 所示的参考程序，并调试验证，观察程序执行效果。

```
01
02 #include     <reg51.h>          //包含头文件，类似包含班级名称【预处理】
03 sbit  S1=P3^2;                  //定义按键S1，接在P3.2
04
05 void    Yanshi(void)            //延时子函数-执行程序需要时间
06 {
07     unsigned char i,j;          //定义2个"无符号字符型变量"，可表达数的范围0-255
08     for(i=0;i<100;i++)          //外循环，循环100次
09     {
10         for(j=0;j<250;j++);     //内循环250次
11     }
12 }
13
14
15 void    main(void)              //一个工程有且只有一个主函数main【程序基本结构】
16 {
17     while(1)                    //死循环，周而复始执行大括号内的代码
18     {
19         if(S1==0)               //判断S1是否为低电平
20         {
21             Yanshi();           //延时一段时间，避免抖动
22             if(S1==0)           //再次检测按键状态，如还为低，表明真的按下
23             {
24                 P0=~P0;         //表示取反
25                 while(S1==0);   //等待按键松开，否则将会被认为不断有按键按下
26             }
27         }
28     }
29 }
```

图 3-5　按键检测参考程序 1

3.2.3.3　C 语言标识符介绍

1．～和！

通过查阅附录 B 可知，“～”和“!”是两个常见的运算符。其中“～”是位取反运算符，将所有位都取反，所以一般用于字节及以上数据长度的操作。而“!”为逻辑取反，即取反后 1 变 0，0 变 1，主要用于位变量。

想一想

请读者完成如下填空。

1）若 P1=1，则执行 P1=～P1 后，P1=____________________。

2）若 P1=1，则执行 P1=!P1 后，P1=____________________。

3）若位变量 Flag=1，则执行 Flag=!Flag 后，Flag=____________________。

4）图 3-5 的例程中，P0=～P0 语句实现了对 P0 口所有位取反功能，若一开始 P0=0xff，则执行 P0=～P0 后，P0=____________________；若执行 P0=!P0，则 P0=________________。

2．=和==

“=”和“==”两个符号意思完全不一样，请读者务必清晰辨别和使用，否则可能导致程序错误或无法达到预期效果。其中“=”是赋值语句，将“=”右边的数值赋值给其左边的变量。注意：赋值语句的左右绝对不能是常数！“==”是一个逻辑运算符，意思是判断“==”左右两边的值是否相等，若相等则“==”运算后的结果为逻辑 1（真），否则为逻辑 0（假）。

想一想

请读者完成如下填空。

1）请说明 if（S1=1）和 if（S1==1）的区别？if（S1=1）的判断结果是什么？

2）请说明 if（1==S1）和 if（S1==1）是否一致？若不一致，是否都可行？

3.2.4 if 语句

观察图 3-5，我们可以看到用来判断按键 S1 高、低电平，我们使用了“if”语句。if 语句是用来判定所给定的条件是否满足，根据判定的结果（真或假）决定执行给出的两种操作之一。常见的 if 语句有如下几种形式。

3.2.4.1 if 语句基本形式

```
if(boolean_expression)
{
    /*若布尔表达式的结果为真，则执行此大括号内的语句*/
}
```

图 3-5 所示的参考程序就属于这种形式。首先判断布尔表达式（boolean_expression）的结果，若为真则执行括号内的语句，若为假则不执行括号内的语句。举个例子：如果明天天气好，我们就去打球。相应的伪代码如图 3-6a 所示，相应的流程图如图 3-6b 所示。

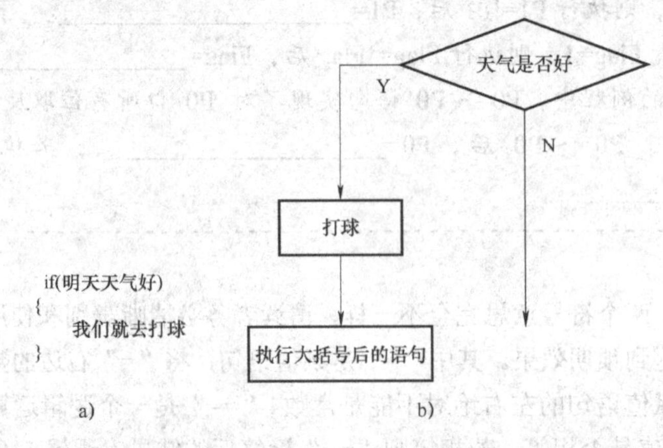

图 3-6　if 语句伪代码及流程图

a）伪代码　b）流程图

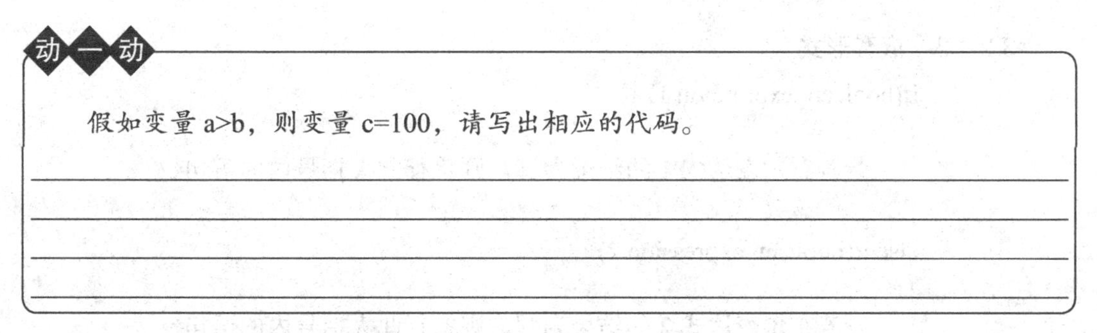

3.2.4.2 if...else 形式

```
if(boolean_expression)
{
    /*若布尔表达式的结果为真，则执行此大括号内的语句*/
}
else
{
    /*若布尔表达式的结果为假，则执行此大括号内的语句*/
}
```

这种结构形式，若布尔表达式的结果为真，则执行 if 下大括号的语句；若布尔表达式的结果为假，则执行 else 下大括号的语句。接着上面的例子，如果明天天气好，我们就去打球；如果天气不好，我们就在家里下象棋。则相应的伪代码如图 3-7a 所示，其流程图如图 3-7b 所示。

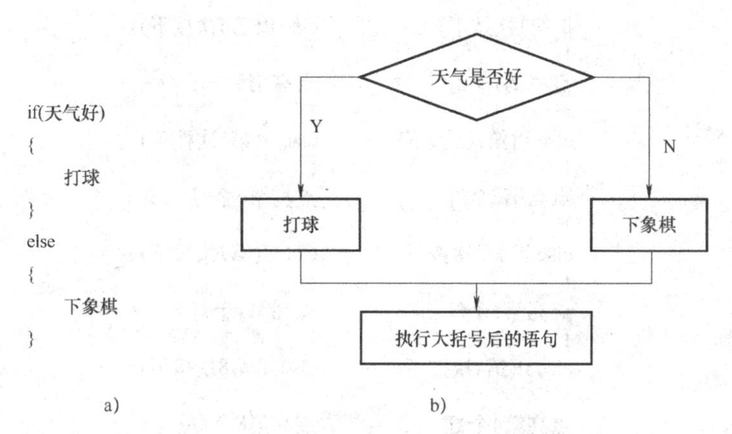

图 3-7　if…else 形式伪代码及流程图

动一动

如果变量 $a>b$，则变量 c=100，否则 c=200。请写出相应的代码。

3.2.4.3 嵌套形式

```
if(boolean_expression 1)
{
    /*若布尔表达式 1 的结果为真，则执行此大括号内的语句*/
}
else if(boolean_expression 2)
{
    /*若布尔表达式 2 的结果为假，则执行此大括号内的语句*/
}
else if(boolean_expression 3)
{
    /*若布尔表达式 3 的结果为假，则执行此大括号内的语句*/
}
else
{
    /*若上述布尔表达式的结果都为假，则执行此大括号内的语句*/
}
```

这种结构形式是很有用的，它能处理各种情形。例如，如果明天出太阳，下午我们就去游泳；如果明天阴天，下午我们就去钓鱼；如果明天下雨，下午我们就在家下象棋。根据这种结构形式，我们可以实现本章的任务，其伪代码如下：

```
if(第1次按下)
{
点亮第1个灯
}
else if(第2次按下)
{
点亮第2个灯
}
else if(第3次按下)
{
点亮第3个灯
}
else if(第4次按下)
{
点亮第4个灯
}
else if(第5次按下)
{
点亮第5个灯
{
else if(第6次按下)
{
点亮第6个灯
}
else if(第7次按下)
{
点亮第7个灯
}
else if(第8次按下)
{
点亮第8个灯
}
```

想一想

如果按下的次数超过 8 次呢？提示：涉及变量处理。

动一动

假如变量 $a>b$，则变量 c=100；假如 $a=b$，则变量 c=200；如果 $a<b$，则 c=300。请写出相应的代码。注意：假设 a、b、c 三个变量都是 unsigned int 型。

3.2.5 switch 语句

前面我们使用了 if 语句的嵌套形式，实现按键 S1 按下不同次数，点亮不同指示灯，并给出了伪代码。事实上，当有多种判断条件时，我们还可以使用简洁的多分支选择结构 switch～case 语句。其一般格式如下：

```
switch （表达式）
{
    case  常量表达式 1：语句 1；break；
    case  常量表达式 2：语句 1；break；
    case  常量表达式 3：语句 1；break；
    ……
    case  常量表达式 n：语句 n；break；
    default：语句 n+1；break；
}
```

刚接触使用 switch 语句时，请读者务必非常注意符号的使用，特别是“分号”“冒号”等，以免程序编译时出现意想不到的错误。

switch 语句执行的基本过程是：计算“表达式”的值，逐个与其后的“常量表达式”值相比较，当表达式的值与某个常量表达式的值相等时，即执行其后的语句，执行完毕后使用“break”退出本次流程（即不再往下判断表达式的值与后续常量表达式的值是否相等）。如表达式的值与所有 case 后的常量表达式均不相同时，则执行 default（默认语句）后的语句。

结合本章任务，我们来举例说明。假设已经定义了一个变量，用来存放按键按下的次数，该变量名字为 Key_Cnt，则使用 switch 语句实现控制要求的示意代码如下：

```
switch(Key_Cnt)//根据变量 Key_Cnt 不同值执行不同语句
{
  case 0：P0=0xff；break；//变量为 0，按下 0 次，全灭
  case 1：P0=0xfe；break；//变量为 1，按下 1 次，亮灯 0
```

```
        case 2: P0=0xfd; break; //变量为2，按下2次，亮灯1
        case 3: P0=0xfb; break; //变量为3，按下3次，亮灯2
        case 4: P0=0xf7; break; //变量为4，按下4次，亮灯3
        case 5: P0=0xef; break; //变量为5，按下5次，亮灯4
        case 6: P0=0xdf; break; //变量为6，按下6次，亮灯5
        case 7: P0=0xbf; break; //变量为7，按下7次，亮灯6
        case 8: P0=0x7f; break; //变量为8，按下8次，亮灯7
        default: break;
    }
```

在使用 switch 语句时读者应特别注意以下几点。

1）在 case 后的各常量表达式的值不能相同，否则会出现错误。如示意代码中常量表达式分别是 0～9。

2）在 case 后，允许有多个语句，可以不用{}括起来。

3）在一般情况下，每个 case 后，对应一个 break 退出操作。

4）各 case 和 default 子句的先后顺序可以变动，而不会影响程序执行结果。因此，在可预测的情况下，我们总是把出现频率最高的常量表达式写在前面，以提高判断效率。

5）default 子句可以省略不用，但为提高程序健壮性，建议读者合理使用 default 语句。对本章任务而言，按键按下次数 Key_Cnt 的值被限制在 0～8，若不是这些数值，可认为是错误的，因此可在 default 中添加代码“Key_Cnt=0”进行复位操作。

3.3 任务实施

前文我们已经详细介绍了按键与单片机的连接方法、按键检测原理、按键检测的 C 语言实现。现在回到本章的任务要求：某设备上接有 8 个 LED 指示灯，要求用户每按一次按键 S1，依次点亮其中一个 LED 灯。

为完成这个任务，读者必须知道以下几个问题。

1. 如何点亮各个指示灯

通过第 2 章的学习，我们已经掌握了点亮发光二极管的方法，以接在 P0 口的 8 个发光二极管为例，请在表 3-1 中填入相应的数据，实现 8 个指示灯的依次点亮。

表 3-1　P0 口依次点亮数据表

序号	P0 口数值	对应二进制	指示灯状态
1			第 0 个灯亮
2			第 1 个灯亮
3			第 2 个灯亮
4			第 3 个灯亮
5			第 4 个灯亮

（续）

序号	P0 口数值	对应二进制	指示灯状态
6			第 5 个灯亮
7			第 6 个灯亮
8			第 7 个灯亮

依据设计要求，如果按键第 1 次按下，则点亮第 0 个灯，依此类推，当按键第 8 次按下，点亮第 7 个灯。若第 9 次按下，则相当于第 1 次按下，点亮第 0 个灯。这将引出一系列问题，如何知道按键按下的次数？如果按下的次数达到 9 次，如何处理？

2．按下次数处理

通过前面的学习，我们已经学会了按键检测的 C 语言编程，并实现了当有按键按下时，对 P0 口的状态进行取反处理。现在要进行的是：每当有按键按下，要记录按键按下的次数，同时根据当前按键按下次数进行显示，并对按下的次数进行处理（以 8 次为一个循环周期）。

3.3.1 电路原理图设计

请读者按照设计要求，在下面的框中画出本任务对应的电路原理图。基本要求是：按键 S1 接在 P3.2，8 个指示灯接在 P0 口。

任务电路原理图

3.3.2 变量定义与处理

在前面的学习中，我们已多次涉及“变量”一词。简单说，变量是可以改变的单元，它具有两个相互关联的重要点：数据类型、表示范围。请读者完成表 3-2。

表 3-2 数据类型与表示范围

数据类型	变量说明	变量长度	表示范围	备注
bit		1 个位		普通位变量
sbit		1 个位		SFR 位地址
unsigned char		1 个字节（8 位）		
unsigned int		2 个字节（16 位）		
unsigned long		4 个字节（32 位）		
float		4 字节		

这里需要强调的是：用户在定义变量时，一定要注意数据类型的选择——在够用的基础上，尽量不要使用大长度的数据类型。比如某个变量，需要存储的数据范围在 0～100，这时使用 unsigned char 就足够了，完全（也强烈建议）不必使用 unsigned int 或 unsigned long。但如果变量需要存储的范围在 0～5000，这时你得将变量定义为 unsigned int 类型，若是误定义为 unsigned char 类型，将会导致严重错误。

动一动

假设定义了一个无符号字符型变量 a，请问如下语句可以实现 300 次的循环吗？为什么？语句：for（a=0;a<300;a++）。

____

____

____

____

____

下面给出变量定义的格式，其中被中括号括起来的部分为可选项，其他部分为必选项，即在定义变量时，数据类型和变量名表必不可少，存储种类和存储器类型为可选项，根据需要而确定。

[存储种类]　数据类型　[存储器类型]　变量名表;

那么本章要完成的任务，其数值范围为 0～9，因此强烈建议读者将变量定义为 unsigned char 数据类型，而不要定义为更高数据长度的数据类型。同时变量名为用户自己定义的，原则上，只要不与保留字相互冲突，用户可以随意定义变量名，但这里我们再次强调一点：变量名必须做到顾名思义。这里为方便英文基础较为薄弱的读者，我们使用拼音字母作为变量名。具体如下：

```
unsigned char S1_cishu=0;//定义 unsigned char 类型变量，名为 S1_cishu
```

特别强调一点：无论是变量还是函数，C 语言规定，必须先声明或定义，才能使用！也就是说，如果你要使用 S1_cishu，则必须首先给出定义，否则操作是无效且错误的。

请读者再次查阅图 3-4 按键检测流程，可以看出当检测到按键有效时（按下），有一个环节是进行“按键处理”。没错了，根据不同的要求，我们进行不同的“按键处理”，那么此处我们要做的是什么呢？如前文所述，修改记录按键按下次数的变量，同时对变量进行处理（以 8 次为一个循环），同时依据按键按下次数点亮不同的指示灯。我们要把图 3-5 所示的按键处理语句“P0=～P0”替换为“修改记录按键按下次数的变量，同时对变量进行处理（以 8 次为一个循环），同时依据按键按下次数点亮不同的指示灯”对应的 C 语言语句。

请读者认真阅读图 3-8 的控制程序，并调试与验证。

```
01
02 #include    <reg51.h> //包含头文件，类似包含班级名称【预处理】
03 sbit S1=P3^2;          //定义按键S1，接在P3.2
04 unsigned char code biaoge[]={0xfe,0xfd,0xfb,0xf7,0xef,0xdf,0xbf,0x7f};//定义【数组】
05
06
07 void    Yanshi(void)  //延时子函数-执行程序需要时间
08 {
09     unsigned char i,j;//定义2个“无符号字符型变量”，可表达数的范围0~255
10     for(i=0;i<100;i++)//外循环，循环100次
11     {
12         for(j=0;j<250;j++);//内循环250次
13     }
14 }
15
16 void    main(void)              //一个工程有且只有一个主函数main【程序基本结构】
17 {
18     unsigned char S1_cishu=0;  //定义变量，用来存放按键按下次数
19     while(1)    //死循环，周而复始执行大括号内的代码
20     {
21         if(S1==0)            //判断S1是否为低电平
22         {
23             Yanshi();           //延时一段时间，避开抖动
24             if(S1==0)           //再次检测按键状态，如还为低，表明真的按下
25             {
26                 S1_cishu++;  //按键每按一次，该变量加1
27                 if(S1_cishu>8)    //如果次数大于8
28                 {
29                     S1_cishu=1;   //按下第9次相当于第1次，重新开始
30                 }
31                 P0= biaoge[S1_cishu-1]; //因数组元素0~7,而S1_cishu范围是1~8，故减1处理
32                 while(S1==0);      //等待按键松开，否则将会被认为不断有按键按下
33             }
34         }
35
36     }
37 }
```


图 3-8　按键控制 LED（查表法）

3.3.3　模块化编程

C 语言是典型的结构化编程语言，当用户接到一个设计任务时，不要急于动手，而应将设计任务认真分析、分解，转化为相对独立的各个功能模块。需要特别说明的是：对任务的模块化分解，没有统一的标准，不同的人有不同的分解结果，但绝不是可以胡乱分解。

那么本章的设计任务，这里分为三个功能模块如表 3-3 所示。

表 3-3　本章任务分解

序号	模块名	模块功能	备注
1	按键检测模块	检测按键是否按下	
2	显示模块	判断按键按下次数	供按键检测模块使用
3	主函数模块	依据要求进行相应处理	必须按键有效情况下

```
01
02 #include    <reg51.h>        //包含头文件，类似包含班级名称【预处理】
03 unsigned char S1_cishu=0;    //定义变量，用来存放按键按下次数
04
05 //=================检测模块===========================
06 void  Delay(void)            //延时子函数，请读者自行完成
07 {
08
09
10
11 }
12
13 sbit S1=P3^2;                //定义按键S1，接在P3.2
14 void Key_Check(void)
15 {
16         if(S1==0)            //判断S1是否为低电平
17         {
18              Delay();        //延时一段时间，避开抖动
19             if(S1==0)        //再次检测按键状态，如还为低，表明真的按下
20             {
21                 S1_cishu++;       //按键每按一次，该变量加1
22                 if(S1_cishu>=9)   //如果次数大于等于9
23                 {
24                     S1_cishu=1;   //恢复为1，相当于第1次按下
25                 }
26             }
27             while(S1==0);         //等待按键松开，否则将会被认为不断有按键按下
28         }
29 }
30
31 //================= 显示模块 ===========================
32 void Led_Display(void)
33 {
34     switch(S1_cishu)
35     {
36         case 0:       //没有按下
37         P0=0xff;      //指示灯熄灭
38         break;        //退出switch语句
39
40         case 1:       //按下第1次
41         P0=0xfe;      //点亮第0个灯
42         break;        //退出switch语句
43
44         //其他2,3,4,5,6,7,8次处理类似，请自行完成
45
46         case 9:       //按下第9次，相当于第1次按下
47         S1_cishu=1;   //按下次数修改为1
48         break;
49
50         default:      //如果不符合上面任何一种情况（对本设计而言，不该出现这种情况）
51         S1_cishu=0;   //复位为0
52         break;        //退出switch语句
53     }
54 }
55
56
57 //=================主函数===========================
58 void    main(void)         //一个工程有且只有一个主函数main【程序基本结构】
59 {
60
61     while(1)               //死循环，周而复始执行大括号内的代码
62     {
63         Key_Check();       //按键检测，若检测按键按下，处理S1_cishu变量
64         Led_Display();     //指示灯显示，依据S1_cishu不同数值点亮不同指示灯
65     }
66 }
67
```

3.4 巩固练习

1. 在本章电路原理图基础上，通过编程可以实现：统计按键 S1 按下的次数，并用接在 P0 口的 8 个指示灯指示，一旦按键 S1 按下的次数超过 8 次，则 8 个指示灯全部闪烁。

2．本章我们学习了 if 语句、switch 语句，请读者总结它们的基本结构形式。需要特别强调的是：一般情况下，一个 case，必须对应一个 break，无意间漏掉的 break 可能引起意想不到的错误！

3．对无符号字符型变量 a，请问语句 if（a==0）和语句 if（0==a）意思一样吗？为避免无意将“==”写作“=”，你会选择哪种 if 语句？解释“=”和“= =”的区别。

第 4 章

一触即发——外部中断

1）深刻理解中断的概念与特点。

2）熟悉 8051 单片机中断系统。

3）掌握 C51 中断服务函数的编写。

4）较熟练掌握 C51 编程规范并自觉遵守。

5）较熟练熟悉 keil 软件的使用。

某 STC15F2K60S2 单片机应用系统在 P0 口接了 8 个发光二极管（假设命名为 LED0～LED7），系统正常工作时 LED0～LED3 循环点亮，当外部有突发、紧急情况发生时，立即暂停 LED0～LED3 的循环点亮，LED5 闪烁 5 次以警示发生突发情况，之后恢复正常显示。

4.1 任务分析

通过前 3 章的学习，相信读者可以轻松地单独实现 LED0～LED3 的依次点亮并循环，以及 LED5 闪烁 5 次。这里不妨请读者立即验证一下吧。特别需要提醒的是：LED0～LED3 是依次点亮并循环，即不断点亮；而 LED5 只是闪烁 5 次，就熄灭了，不构成循环。这点请读者在编程时务必注意区别。

单独实现本章两种情况的指示灯显示不成问题，那如何确保 LED0～LED3 平时依次点亮并循环，一旦有紧急情况，立即转去让 LED5 闪烁 5 次，处理后返回继续执行 LED0～LED3 的显示？首先，让我们先来感受一下现实生活中我们是如何处理类似的情况。

【实例 1】你正在看书，突然电话响了。你使用书签等方式记录当前书页，便赶紧去接电话，聊毕，挂断电话，重新开始阅读。

现实生活中，当我们正在处理一些日常事务时，总会发生一些突发的、紧急的情况，需要我们快速去响应和处理，待处理完毕后，继续完成日常事务。因为有突发情况时，往往是我们日常事务的进行过程中，因此一般需要适当记录当前工作点，以方便处理完紧急事务返回时，可以继续从这里开始工作。

【实例 2】你正在看书，突然电话响了。你一看是骚扰电话，就直接掐断电话，继续看书。

现实生活中，并不是所有的突发情况，我们都必须立即去响应，有时可以选择“屏蔽”。

【实例 3】你正在看书，突然电话响了。是你妈妈打来的，问你什么时候回家。正说着，另外一个电话又响了，是你急着想要联系的朋友打来的。你就会暂停你妈妈的电话，接了朋友电话后再继续听你妈妈的电话，说完挂断，继续看书。

现实生活中，有时一件突发情况还在处理中，会发生另外一件更加紧急的突发情况，我们必须先去处理这个更加紧急的突发状况，处理完毕后再回来继续处理之前的突发情况，待全部处理完毕后，你才能继续做你的日常工作。很明显地，本实例中，我们假设你的朋友比你妈妈具有更高的“优先级”，因为他可以打断你妈妈的电话。

【实例 4】你正在看书，突然电话响了。是你妈妈打来的，问你什么时候回家。正说着，另外一个电话又响了，是你朋友打来约几点吃饭的。你与妈妈讲完电话后，再去接你朋友的电话，通话结束后，继续看书。

这个例子告诉我们，你的妈妈和你的朋友具有“相同的优先级别”，这时本着“先来后到”的原则，你接听完你妈妈的电话才去接听你朋友的电话，最后才回来继续看书。

请读者结合上述几个实例，认真思考，回答如下问题。

1. 是不是所有的突发情况都必须给予响应和处理？

____

____

2. 当一种突发情况正在处理中，发生了另外一件更加紧急的突发情况，你会怎么处理？

____

____

3. 一般情况下，处理突发情况所占的时间，是越长越好，还是越短越好？

____

____

完成了上述思考问题后，转到我们的学习对象——单片机。分析一下本章的任务要求，我们可以得知如下情况。

- 单片机的日常事务：LED0～LED3 四个灯依次循环点亮。【类似人在看书】
- 单片机遇到的突发、紧急情况：外部信号。【类似电话响】
- 单片机需要紧急处理事务：LED5 闪烁 5 次。【类似接听电话、沟通事情】

那么现在问题的关键在哪里呢？

1）日常事务——通过前 3 章的学习，这只是简单的流水灯任务。【已解决】

2）突发情况的发生——怎么知道有突发情况发生了呢？一旦发生如何处理？【未解决，本章重点】

3）紧急处理事务——若是仅仅 LED5 闪烁 5 次，相信不难实现。但问题是：只要一

有突发情况发生，这个事务必须立即被处理，不得延迟，这就是所谓的“效率”和“实时性”。【未解决如何立即处理，本章重点】

因此，要完成这个设计任务，必须学习并使用“中断”，平时单片机处理日常事务（LED0～LED3 循环点亮），任何时刻，一旦出现外部紧急信号，则应立即暂停日常事务，转去处理紧急事务（LED5 灯闪烁 5 次），处理完毕后返回。

4.2 知识链接

4.2.1 中断的基本概念

毫无疑问，无论是人还是单片机都必须要有处理及应对突发情况的能力，否则有时后果将是致命的。比如你在看书，突然发生火灾了，你是否坚持看完书才去逃命？单片机外部某个器件温度过高了，是否还可以继续工作？

当 CPU 正在处理某件事时，突然发生了更加紧急的事件请求（中断源），CPU 暂停当前的工作（断点），转去处理这个紧急事件（中断服务程序），处理完毕以后，再返回（中断返回）到原来被中断的地方（断点），继续原来的工作，这个过程称为中断。

要发生中断，首先必须有中断源，它是发生中断的源头！比如你要接电话，必须先有来电的各种提示，否则你如何通话？一般地，中断源越多越好，表明可以对越多的突发情况具有应对能力。是不是对每个突发情况都给予响应并处理呢？并不一定，有些突发情况必须立即响应，有些则会被“屏蔽掉”。

比如，老师正在上课，发生两种突发情况，一是火灾，二是电话响，这时老师必须立即对“火灾”给予响应，组织学生有序离场，而对“电话响”，则不予响应。即使“电话响”与“火灾”同时发生，哪怕是先“电话响”，后“火灾”，作为老师也必须立即响应火灾情况，组织撤离。

事实上，这就是中断源的优先级问题。多个中断源同时或不同时发生中断请求时，CPU 不可能同时响应，但也不是按“先来后到”的顺序来执行的，它必须懂得“轻重缓急”，也就是最重要的、最紧急的最先处理，较为不重要的、不紧急的后处理。因此，人也好，单片机也好，总是先响应优先级最高的中断请求。当在处理某个低优先级的中断服务时，发生了高优先级的中断，将会引发中断嵌套，如图 4-1 所示。

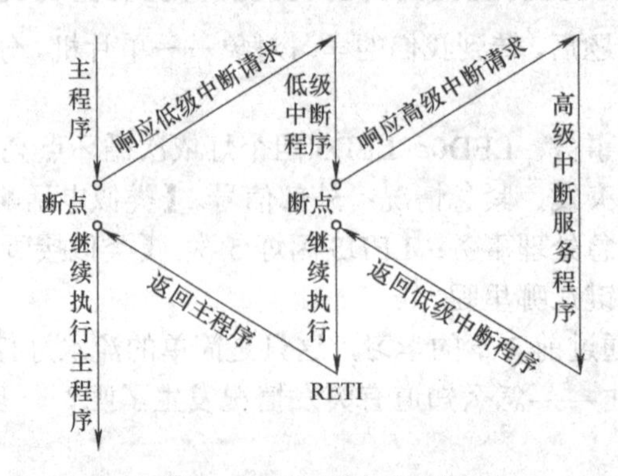

图 4-1　中断嵌套示意图

想一想

请读者结合上述内容，用自己的语言回答如下问题。

1. 什么是中断？

2. 什么是中断源？

3. 什么是中断优先级？

4. 什么是中断“屏蔽”？

4.2.2 8051 中断系统

STC15F2K60S2 单片机是典型的 8051 内核单片机，这里先介绍一下 8051 单片机的中断系统，如图 4-2 所示。

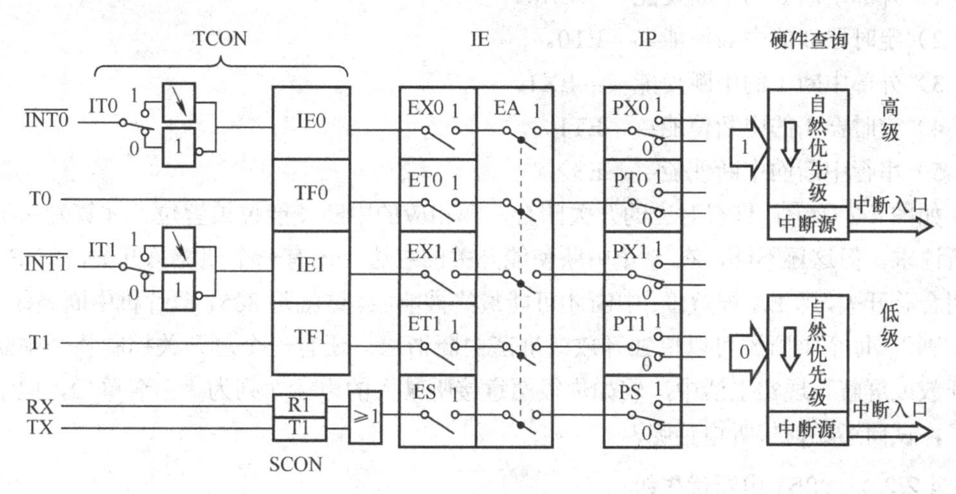

图 4-2 8051 单片机中断系统

基于前文对中断基本概念的认识，结合图 4-2，我们可以得到如下结论。

4.2.2.1 8051 中断源

图 4-2 最左边，对应 8051 的五个中断源：

1）外部中断 0—— $\overline{INT0}$。

2）定时器 0——T0。

3）外部中断 1—— $\overline{INT1}$。

4）定时器 1——T1。

5）串行中断——RX 和 TX。

4.2.2.2 8051 中断标志

如同有人给你打电话，手机会有响铃或振动提示一般，当上述 5 个中断源一旦发生，则必须相应地有一个“标志”来登记这个信号，这就是“中断标志”。

1）外部中断 0 的中断标志——IE0。

2）定时器 0 的中断标志——TF0。

3）外部中断 1 的中断标志——IE1。

4）定时器 1 的中断标志——TF1。

5）串行中断的中断标志——若是接收数据完毕则 RI，若是发送数据完毕则 TI，无论是 RI 或 TI 均能引发中断，两者是“或”的关系。

一旦中断源有中断请求，对应的标志位被置位，即设为“1”。

4.2.2.3 8051 中断使能

如同你手机的“黑名单”设置一般，如果你不想接听某人电话，则将其拉入“黑名单”，无论其如何拨打你的电话，都不会被接听；除非你把对应恢复为“白名单”。当上述 5 个中断标志形成了，单片机必须开放对应的“开关”，且“闭合总闸”，中断才会被响应。

1）外部中断 0 的中断使能——EX0。

2）定时器 0 的中断使能——ET0。

3）外部中断 1 的中断使能——EX1。

4）定时器 1 的中断使能——ET1。

5）串行中断的中断使能——ES。

如图 4-2 所示，只有对应的开关闭合，即相应的中断使能位被置位，才算确认了对应中断请求。但这还不够，在 5 个中断使能开关的右边，还有一个使能总开关，即 EA。只有闭合总开关，即 EA 被置位，中断才可能最终被响应。这就是 8051 单片机中断系统的“分级控制”，每个中断源可以单独开放或屏蔽中断请求，还有一个总开关控制整个中断系统的开放或屏蔽。现实生活中，假如你很愿意接听某人的电话（列为“白名单”），但手机关机了，试问还如何接听电话呢？

4.2.2.4 8051 中断优先级

“优先级”的状况随处可见，8051 只简单把 5 个中断源分为“高优先级”和“低优先级”两种情况。

1）外部中断 0 优先级——PX0。

2）定时器 0 优先级——PT0。

3）外部中断 1 优先级——PX1。

4）定时器 1 优先级——PT1。

5）串行中断优先级——PS。

可见，对应优先级开关位被置位，则该中断源为“高优先级”，可以“插队”，否则为“低优先级”，必须老老实实按先来后到处理。例如，你觉得外部中断 0 就有高优先级，任何情况下，必须先给予响应和处理，则可设置 PX0=1。

动一动

请读者结合上述内容，查阅附录 C，摘录 TCON、SCON、IE、IP 等寄存器的功能及其每个位的含义，特别注意与前文介绍的内容进行对照。

4.2.3 外部中断

明显地，我们可以使用外部中断 0（INT0）或外部中断 1（INT1）作为外部突发、紧急信号的输入口。对 STC15F2K60S2 单片机而言，对应的引脚如图 4-3 所示。因此，这个外部突发信号可以接在 23 脚（对应 P3.2/INT0）或 24 脚（对应 P3.3/INT1）上，这里假定使用外部中断 0。

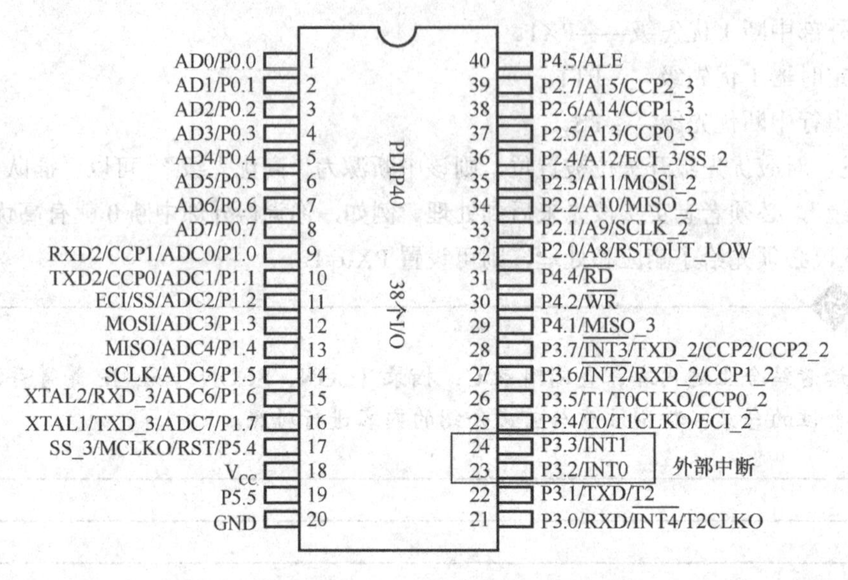

图 4-3 外部中断 0 和外部中断 1 引脚分布

4.2.3.1 相关寄存器

在前面学习中，我们一再强调，单片机内部有多个功能部件，每个功能部件都有相应的特殊功能寄存器，用户必须准确地把握这些寄存器的功能，并加以合理配置与操作，这样才能玩转这些功能模块。要使用外部中断 0——INT0，请读者再次阅读图 4-2，可以看出从左到右，相关的“特殊功能寄存器”如下。

1．IT0——外部中断 0 的触发方式选择

1）0——电平方式，低电平触发。这种方式一旦检测到有效低电平即刻产生中断标志（IE0），及时清除电平信号，否则将引起重复或多次中断。

2）1——边沿方式，下降沿触发。这种方式一旦检测到下降沿，即刻产生中断标志（IE0）。

上述 0 和 1 所对应的触发方式为传统 8051 单片机的外部中断 0 触发方式选择。对 STC15F2K60S2 而言，当 IT0=0 时，允许边沿触发，即无论上升沿还是下降沿都将触发外部中断请求，IE0 自动设为 1。当 IT0=1 时，为下降沿触发方式，当检测到有效的下降沿，IE0 自动设为 1。这一点是 STC 厂家对传统 8051 单片机的改进之处。请读者使用时务必注意。

2．IE0——外部中断 0 中断请求标志

1）0——无外部中断 0 的中断请求。

2）1——有外部中断 0 的中断请求。当 CPU 响应外部中断时，IE0 会被硬件自动清零。也就是说，用户无需软件对其实施清零操作。

3．EX0——外部中断 0 允许位

1）0——禁止外部中断 0。即使外部中断 0 请求标志 IE0 为 1，也没用。

2）1——允许外部中断 0。

4．EA——总中断允许控制位

1）0——关闭中断，CPU 屏蔽所有中断申请，“一律不予受理”。

2）1——开放总中断。

事实上，8051 单片机的中断系统为两级控制方式，即每个中断源可独立开放与屏蔽，还有一个总中断允许开关，控制着所有中断源的中断允许或屏蔽。因此，若开放了所有独立的中断允许，且有相应的中断请求标志，但如果总中断允许位为 0（即关闭），那么有可能发生中断吗？

5．PX0——外部中断 0 优先级设置

1）0——外部中断 0 为低优先级。

2）1——外部中断 0 为高优先级。

上述所介绍的都是外部中断 0 的相关“位”，它们都是特殊功能寄存器的个别位，请读者打开<reg51.h>头文件，出现的界面如图 4-4 所示。

```
10 #define __REG51_H__
11
12 /*  BYTE Register  */
13 sfr P0    = 0x80;
14 sfr P1    = 0x90;
15 sfr P2    = 0xA0;
16 sfr P3    = 0xB0;
17 sfr PSW   = 0xD0;
18 sfr ACC   = 0xE0;
19 sfr B     = 0xF0;
20 sfr SP    = 0x81;
21 sfr DPL   = 0x82;
22 sfr DPH   = 0x83;
23 sfr PCON  = 0x87;
24 sfr TCON  = 0x88;
25 sfr TMOD  = 0x89;
26 sfr TL0   = 0x8A;
27 sfr TL1   = 0x8B;
28 sfr TH0   = 0x8C;
29 sfr TH1   = 0x8D;
30 sfr IE    = 0xA8;
31 sfr IP    = 0xB8;
32 sfr SCON  = 0x98;
33 sfr SBUF  = 0x99;
```

```
46 /*  TCON  */
47 sbit TF1  = 0x8F;
48 sbit TR1  = 0x8E;
49 sbit TF0  = 0x8D;
50 sbit TR0  = 0x8C;
51 sbit IE1  = 0x8B;
52 sbit IT1  = 0x8A;
53 sbit IE0  = 0x89;
54 sbit IT0  = 0x88;
55
56 /*  IE   */
57 sbit EA   = 0xAF;
58 sbit ES   = 0xAC;
59 sbit ET1  = 0xAB;
60 sbit EX1  = 0xAA;
61 sbit ET0  = 0xA9;
62 sbit EX0  = 0xA8;
63
64 /*  IP   */
65 sbit PS   = 0xBC;
66 sbit PT1  = 0xBB;
67 sbit PX1  = 0xBA;
68 sbit PT0  = 0xB9;
69 sbit PX0  = 0xB8;
```

图 4-4　外部中断 0 的相关寄存器

阅读图 4-3，可以看出外部中断 0 涉及特殊功能寄存器主要有如下三个。

1）TCON——相关位：IE0 和 IT0。

2）IE——相关位：EA 和 EX0。

3）IP——相关位：PX0。

上述三个特殊功能寄存器，都是可以“位寻址”的，因此当用户包含了头文件（#include <reg51.h>）之后，就可以使用“字节操作”方式，直接设置 TCON、IE、IP 三个特殊功能寄存器来操作外部中断 0，也可以使用“位操作”方式，设置相应的控制位来操作外部中断 0。

4.2.3.2 外部中断 0 的初始化

学习了外部中断 0 的相关特殊功能寄存器，现在就可以来使用外部中断 0 了。我们要做的其实是对外部中断 0 进行“初始化”，配置相关寄存器，使其按我们期望的方式工作。这里我们使用直观的“位操作”方式初始化外部中断 0，如图 4-5 所示。

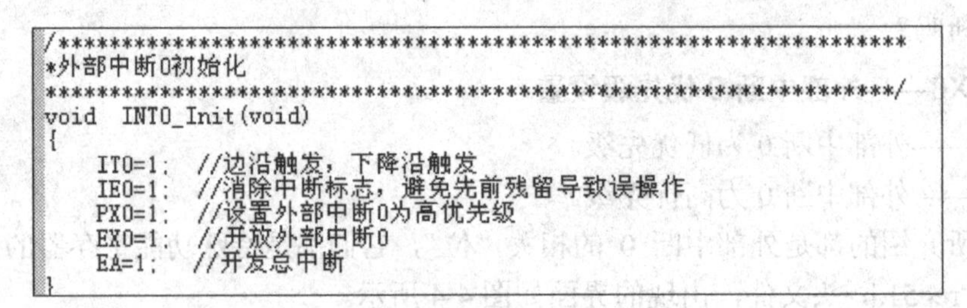

```
/****************************************************************
*外部中断0初始化
****************************************************************/
void  INT0_Init(void)
{
     IT0=1;   //边沿触发，下降沿触发
     IE0=1;   //消除中断标志，避免先前残留导致误操作
     PX0=1;   //设置外部中断0为高优先级
     EX0=1;   //开放外部中断0
     EA=1;    //开发总中断
}
```

图 4-5 外部中断 0 初始化

动一动

1. 请读者查阅相关资料对外部中断 1 进行初始化操作，要求：下降沿触发，外部中断 1 为低优先级，开放外部中断 1 中断，同时开放总中断。

2. 请使用“字节操作”方式，初始化外部中断 0，完成图 4-5 所示的初始化功能。

4.2.3.3 外部中断 0 的中断服务函数

如果只是完成“LED 闪烁 5 次”，相信这已不是一件难事，相应的显示函数如图 4-6 所示。

```
sbit  LED5 = P0^5;//定义LED5,接在P0.5
void  Led5_Flash(void)
{
  unsigned char i;//定义局部变量，用以循环5次
  for(i=0;i<5;i++)//for语句，循环5次
  {
    LED5=0;        //点亮LED5
    Delay();       //调用延时子函数Delay
    LED5=1;        //熄灭LED5
    Delay();       //调用延时子函数Delay
  }
}
```

图 4-6　LED 闪烁 5 次

图 4-6 所示的函数是一个普通的子函数，它是外部中断 0 要处理的紧急事务。问题来了：如何让单片机知道上述显示函数是单片机要处理的紧急事务，而非一般事务呢？答案是：给这个函数添加一个特殊的“标记”。

目前为止，我们认识了主函数 main、用户自己定义的各种子函数，但这些都无法用来体现“中断”这一特殊身份。用来处理中断事务的函数称为中断服务函数，在其函数后面添加“interrupt n”来标识其“身份”。8051 单片机的 5 个中断服务函数声明样式如图 4-7 所示。

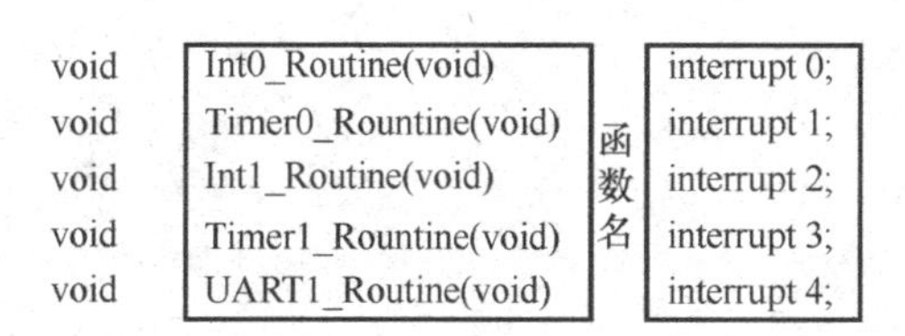

图 4-7　中断服务函数声明

需要特别说明的是：

1）中断服务函数的函数名与其他子函数一样，都是用户自己定义的，用户可以自行修改。

2）中断服务函数一般都定义为无输入参数 void，同时也无返回值类型 void 的函数。

3）区分是否中断服务函数以及对应是哪个中断源引起的中断服务，关键在于 interrupt n。换句话说，interrupt n 是相应中断服务函数的“唯一身份标识”。请读者千万不要写错序号，否则将无法达到预期效果，甚至是致命的错误。举个例子，假定你编写外部中断 0 服务函数 void INT0_ISR（void），无论是没有后缀 interrupt 0 还是将 interrupt 0 中的 0 改成其他数字，都将使 void INT0_ISR（void）不再是外部中断 0 的中断服务函数。

可见，关键字“interrupt 0”是外部中断 0 服务函数的唯一标识。不论函数名如何修改，只要在函数后面添加“interrupt 0”，该函数就是外部中断 0 的中断服务函数。这样，添加了“interrupt 0”的图 4-6 普通子函数，摇身一变成了外部中断 0 的“中断服务函数”，如图 4-8 所示。请读者务必深刻领悟这点。

```
sbit  LED5 = P0^5;//定义LED5,接在P0.5
void  Led5_Flash(void) interrupt 0
{
  unsigned char i;//定义局部变量，用以循环5次
  for(i=0;i<5;i++)//for语句，循环5次
  {
    LED5=0;  //点亮LED5
    Delay();//调用延时子函数Delay
    LED5=1;  //熄灭LED5
    Delay();//调用延时子函数Delay
  }
}
```

图 4-8　外部中断 0 服务函数示例

4.3　任务实施

4.3.1　电路原理图设计

请读者使用 INT0 作为外部紧急情况输入信号，使用 P0 口驱动 8 个发光二极管，在下面的框内绘制电路原理图。

4.3.2　模块化编程

从第 3 章开始，我们强烈建议读者树立起“模块化”思想进行编程。在已学基础上，我们可以将本章任务分为如下模块，并独立编写相应的函数，见表 4-1。

表 4-1　本章任务模块划分

序号	功能模块	备注
1	外部中断 0 初始化	Int0_Init
2	外部中断 0 服务函数	关键词 interrupt 0
3	延时模块	Delay
4	常规循环点亮	Normal_display
5	主函数	main

需要再次特别强调的是：

1）一个任务的模块化并没有统一的标准，很大程度上取决于编程者的思维与水平。所以，随着学习的不断深入，相信读者将不会拘泥于我们推荐的“模块化”!

2）考虑到 LED0～LED3、LED5 都在 P0 口，读者若是采用“字节操作”请务必注意处理，避免造成相互干扰！

请读者认真阅读下面的程序框架，完成其他代码，并调试、验证。

```
//要求：下降沿触发、高优先级、开放中断
void   INT0_Init(void)//外部中断 0 初始化
{


}
//要求：带输入参数，延时时间可调。注意变量类型
void   Delay(unsigned int Num)//延时子函数
{


}
  void   Normal_Display(void)//常规显示
  {
    unsigned char i;
    for(i=0;i<4;i++)            //4 个灯循环点亮
    {
       //点亮某个灯
       Delay(实际数值)
    }
  }
  void   INT0_ISR(void) interrupt 0
  {
    unsigned char i;
    for(i=0;i<10;i++)           //亮灭各 5 次
    {
       LED5!=LED5;              //状态取反实现闪烁
       Delay(实际数值)
    }
  }
```

```
//初始化后 LED0-LED3 循环点亮，一有中断则进入中断服务函数，执行后返回
void main（void）//主函数
{
 INT0_Init ();
 while (1)
 {
    Normal_Display ();
 }
}
```

通过观察上面的程序框架，我们可以看到，中断正确初始化之后，一旦有中断产生，系统会自动跳到相应的中断服务函数（通过“interrupt n”来识别），用户无需也不能去干预的。换句话说，这时用户处理好日常事务就可以了，因为外部中断 0 的触发是随机的、不可预测的，而任何时刻有触发，系统会自动去处理这个“紧急的、重要的”事务。

4.4 巩固练习

1. 8051 如何区分普通子函数与中断服务函数？

2. 解释什么是中断的“两级控制”？

3. 什么是中断的优先级？什么时候发生“中断嵌套”？

4. 请实现：在本章任务基础上，如果还有另外一个更加紧急的信号产生，要求 LED7 指示灯立即闪烁 10 次后返回。

第 5 章

定时器/计数器

1）掌握定时器/计数器的基本工作原理，并能合理及准确使用。

2）进一步熟悉模块化编程思想，并自觉进行模块化完成设计任务。

3）理解全局变量与局部变量的区别，深刻理解 volatile 和 static 关键词，并能合理使用。

现实生活中，常常会遇到“倒计时”问题。现有一个控制系统带有一个数码管，要求实现 10s 循环倒计时。已知该控制系统使用 STC15F2K60S2 单片机，请学习数码管显示基本知识，设计电路，编写控制程序，并下载调试，完成此控制功能。

5.1 任务分析

根据任务描述，我们必须解决如下几个问题。

1）如何产生精确的 1s 的时间，以实现每隔 1s 变换一次？

2）什么是数码管？

3）如何让数码管显示数字 0～9？

在前面章节中，我们使用“延时函数”来实现延时，其基本原理是单片机通过“数绵羊”的方式以消磨时间。使用“延时函数”势必带来两个很现实的问题：一是 CPU 效率问题，要实现 1s 的延时，CPU 只能不断执行“空操作”指令，意味着 CPU 要“浪费”这段时间，而不能去处理其他“有意义”的事情，它浪费时间在“数绵羊”。二是时间准确性问题，“延时函数”一般只用在要求不高的场合，要实现精确的 1s 时间，需要花费很多精力去拼凑或计算。

结论是：使用延时函数实现 1s 的延时，是低效率、不准确的做法，必须另谋出路。

使用“延时函数”实现延时的做法，可称为“软件延时法”。事实上，单片机内部集成了一个非常重要的部件——“硬件定时器”。通过合理配置，CPU 只要告诉“定时器”要定时多长时间，然后启动它，之后 CPU 就可以去忙其他事情，等设定的时间到达时，定时器会报告时间到。对比之下，使用硬件定时器无疑是一种飞跃。

数码管本质上是发光二极管组成的具有一定形状的组合体，它把多个发光二极管的阳极或阴极连接在一起，形成公共端，另外一极独立控制，用户通过控制这些发光二极管的亮灭，从而使得数码管显示不同的符号。在熟悉发光二极管控制的基础上，数码管的显示其实是十分容易的。

5.2 知识链接

5.2.1 定时器的本质

本质上，定时器/计数器是加 1 计数器，就是来一个脉冲加一个数。我们可以将定时器/计数器比作一个水缸，每个水缸可以存储的水量是一定的，水缸越大，能存储越多的水；水缸越小，则存储的水量越小。同时，初始状态时水缸是空还是有一定水量，将会影响到接下来往水缸里注入的水量。我们还知道：当水缸满了，这时如果你还继续往水缸中注水，则水缸就会“溢出”。

单片机的定时器/计数器与水缸是类似的。我们的对象 STC15F2K60S2 单片机片内有 3 个定时器/计数器，分别是 T0、T1 和 T2，都是 16 位二进制的。16 位意味着能存储如表 5-1 所示的数据范围。

表 5-1 16 位定时器/计数器能存储的数据范围

	二进制	十六进制	十进制
最小值	0000 0000 0000 0000	0x0000	0
最大值	1111 1111 1111 1111	0xffff	65535

由此可见，十六位的定时器最多可以累计 65535+1=65536 个脉冲。这种情况下，定时器一开始是“空的”（16 个“0”，对应十六进制 0x0000），然后每来一个脉冲执行一次加 1 操作，加到“满的”（16 个“1”，对应十六进制 0xffff），这时如果再加 1，则定时器就“溢出”了。这个“溢出”是一个重要标志，它告诉 CPU：时间到了。

对十六位的定时器而言，最大值是固定的，即 16 个“1”，对应十六进制形式 0xffff，这时如果还来一个脉冲，则发生“溢出”，定时器重新从刚开始的值（称为“初值”）继续每来一个脉冲执行一次加 1 操作。但“初值”则是可以根据需要进行设定的，而不一定是最小的 16 个“0”。例如，定时器的“初值”设为 65530，则要发生溢出，定时器需要计 65535-65530+1=6 个脉冲。这样，通过合理设定不同的“初值”，我们就可以实现从 1～65536 任意数进行计数。

想一想

什么情况下，定时器只要计一个脉冲就会发生溢出？什么情况下，定时器必须计 65536 个脉冲才会溢出？什么情况下，定时器计 10000 个脉冲发生溢出？

定时器/计数器本质是加 1 计数器，即每来一个脉冲就加 1。如果每个脉冲的周期是固定的，则可以实现定时功能。比如每个脉冲的周期为 1μs，若定时器每计 10000 个脉冲发生溢出，则可实现 1×10000μs=10000μs=10ms 的定时。如果每个脉冲的周期是随机的，则可实现计数功能。

想一想

1. 如果脉冲的周期是 1μs，则对十六位的定时器而言，最多可以定时多长时间？

2. 如果脉冲周期分别是 1μs、2μs，要定时 10ms，对十六位的定时器，分别要从哪个“初值”开始计数？

5.2.2 定时器/计数器寄存器

对十六位定时器而言，最大可表示的数是 65535（对应十六进制 0xffff，对应二进制为 16 个“1”），最大可计的脉冲数是 65535+1=65536。我们可以在 0～65535 之间任意设置，比如要计 1 个数，则设定初值为 65536-1=65535；要计 3 个数，则设定初值为 65536-3=65533。因此，假设要计的数是 X，则我们可以将定时器的初值设为 65536-X。那么，这个初值到底怎么表示，存放在什么地方呢？

STC15F2K60S2 单片机与定时器相关的特殊功能寄存器如图 5-1 所示。

符号	描述	地址	位地址及其符号 MSB							LSB	复位值
TCON	Timer Control	88H	TF1	TR1	TF0	TR0	IE1	IT1	IE0	IT0	0000 0000B
TMOD	Timer Mode	89H	GATE	C/$\overline{T}$	M1	M0	GATE	C/$\overline{T}$	M1	M0	0000 0000B
TL0	Timer Low 0	8AH									0000 0000B
TL1	Timer Low 1	8BH									0000 0000B
TH0	Timer High 0	8CH									0000 0000B
TH1	Timer High 1	8DH									0000 0000B
IE	中断允许寄存器	A8H	EA	ELVD	EADC	ES	ET1	EX1	ET0	EX0	0000 0000B
IP	中断优先级寄存器	B8H	PPCA	PLVD	PADC	PS	PT1	PX1	PT0	PX0	0000 0000B
T2H	定时器2高8位寄存器	D6H									0000 0000B
T2L	定时器2低8位寄存器	D7H									0000 0000B

图 5-1　与定时器相关的特殊功能寄存器

1）TCON——定时器/计数器控制寄存器，可位寻址。与定时有关的位有：TF1、TF0、TR1 和 TR0。

SFR name	Address	bit	B7	B6	B5	B4	B3	B2	B1	B0
TCON	88H	name	TF1	TR1	TF0	TR0	IE1	IT1	IE0	IT0

TCON 中的低 4 位在外部中断中已有详细的介绍和使用，这里不再赘述。下面详细介绍 TCON 中与定时器相关的 4 个位。这 4 个位又分为两组，分别用以控制 T1 和 T0，即 TF1 和 TR1 与 T1 相关，TF0 和 TR0 与 T0 相关。因此只需要介绍两个位即可。

➢ TF1（TCON.7）：定时器/计数器 T1 溢出中断请求标志位。这个就是我们之前常说的“溢出”标志了。水缸“溢出”了，地上会有水在流，定时器“溢出了”，会有一个“标志位”提示。当产生溢出时由硬件置“1”TF1，向 CPU 请求中断，一直保持到 CPU 响应中断时才由硬件清“0”（也可以由查询软件清“0”）。

➢ TR1（TCON.6）：定时器/计数器 T1 运行控制位。该位由软件置位和清零。当 GATE（TMOD.7）=0，TR1=1 时就启动定时器/计数器，TR1=0，不启动定时器/计数器。当 GATE（TMOD.7）=1，TR1=1 且 INT1 输入高电平时，才允许 T1 计数。

IE: 中断允许控制寄存器，可位寻址。与定时有关的位有：EA、ET1 和 ET0 这三个位。

SFR name	Address	bit	B7	B6	B5	B4	B3	B2	B1	B0
IE	A8H	name	EA	ELVD	EADC	ES	ET1	EX1	ET0	EX0

以上 8 位中的 EA、EX1、EX0 三位在外部中断中已经详细说明了。上一章，我们已提过，8051 单片机的中断系统实行“两级控制”，就定时器 T0 和 T1 而言，你能简要描述一下，如何实现两级控制吗？【提示：ET0/ET1 独立控制 T0/T1，EA 控制全部】

➢ ET1(IE.3)：定时器/计数器 T1 中断允许位。ET1=1，允许发生定时器/计数器 T1 中断。ET1= 0，禁止定时器/计数器 T1 中断。

➢ ET0(IE.1)：定时器/计数器 T0 中断允许位。

2）TMOD——工作方式控制寄存器，不可位寻址。

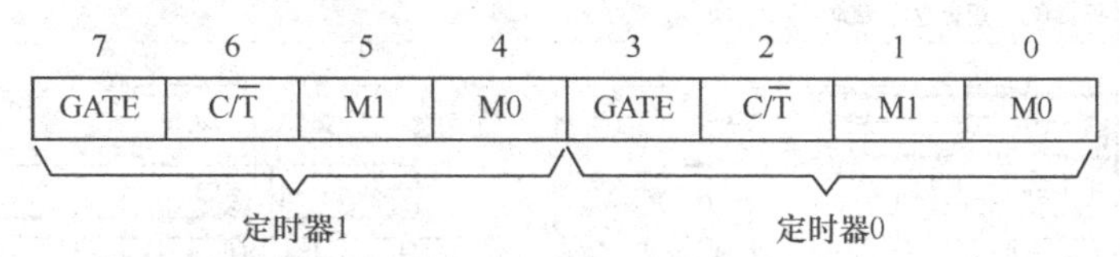

TMOD 的 8 个位可分为两组，低 4 位用以设定 T0 工作方式，高 4 位用以设定 T1 工作方式。其中 GATE 位为门控位，作为初学，我们不予介绍，一般情况下设置 GATA=0，既只要 TR0 或 TR1 等于 1 就可以启动定时器/计数器工作了。

➢ $C/\overline{T}$ 为定时/计数模式选择位。设为 0 时为定时模式，对内部系统时钟进行计数。设为 1 时为计数模式，对 P3.4/P3.5 的外部脉冲进行计数，每来一个下降沿计数器加 1。

M1 M0 为工作方式设置位。定时器/计数器有四种工作方式，由 M1M0 进行设置，见表 5-2。

表 5-2　定时器/计数器的四种工作方式

M1	M0	定时器/计数器工作方式
0	0	方式 0:16 位自动重装
0	1	方式 1:16 位，不自动重装
1	0	方式 2:8 位自动重装
1	1	无效

注意：STC15 的数据手册上有相关说明，使用者只要使用定时器/计数器的工作方式 0 就已经足够方便了，所以在后续任务中我们都只是使用定时器/计数器的工作方式 0。

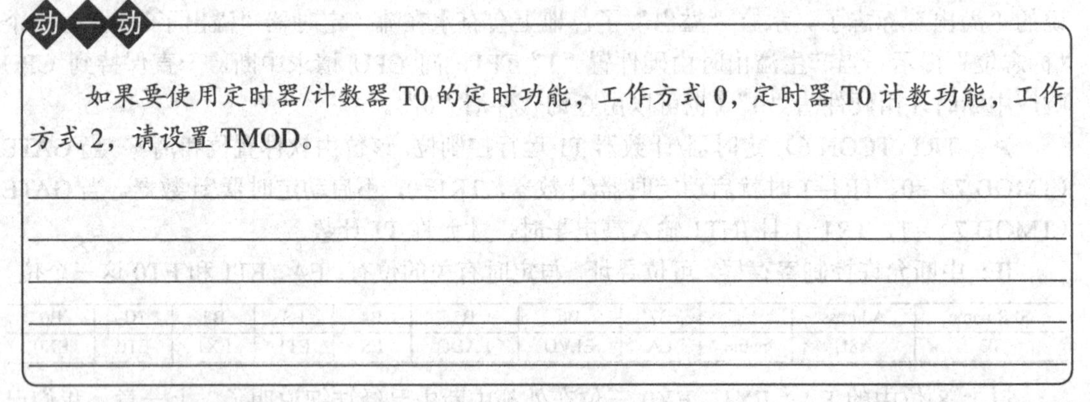

3）TH0，TL0，TH1，TL1——设置定时器/计数器初值的特殊功能寄存器。由前面的分析可知，要使定时器定时必须要设置初值。初值也是 16 位的，其中高 8 位存入 THx 中，低 8 位存入 TLx 中，x 代表 0 或 1。

➢　方法一：手动计算法。初值 y=溢出值-定时时间=65536-20000=45536=B1E0H。所以 TH0=B1H,TL0=E0H。

最“偷懒”的办法是使用计算机的“附件”→“计算器”，如图 5-2 所示。先单击“十进制”计算出差值，比如 65536-20000=45536，这时再单击“十六进制”则出现 B1E0，取 B1 作为高 8 位存入 THx，再取 E0 作为低 8 位存入 TLx。

图 5-2　使用计算器计算初始值

➢ 方法二：位运算符方法。

<<——全部位同时左移；用 0 填低位。

>>——全部位同时右移；用 0 填高位。

TH0=(65536-20000)>>8;//移位后的值为 00B1H,所以 TH0=B1H,高八位 00H 自动舍弃。

TL0=(65536-20000);//存初值的低 8 位，所以 TL0=E0H,高八位 B1H 自动舍弃。

➢ 方法三：算术运算方法。

/——除法运算；对非浮点数而言，相当于求商。

%——取模(求余)运算符。

TH0=(65536-20000)/256;//存初值的高 8 位，45536/256 的整数部分为 B1H,所以 TH0=B1H。

TL0=(65536-30000)%256;//存初值的低 8 位,45536%256 的余数为 E0H,所以 TL0=E0H。

在以上三种方法中只有方法一是手动的，比较难计数。所以我们经常使用方法二和三。

动一动

定时器 T0 使用方式 0（16 位，自动重装模式），假设要计 2000 个脉冲，请分别使用三种方法，计算 T0 的初值（写到 TH0 和 TL0）。

4）IP——中断优先级控制寄存器，可位寻址。与定时有关的位有：PT1，PT0。

SFR name	Address	bit	B7	B6	B5	B4	B3	B2	B1	B0
IP	B8H	name	PPCA	PLVD	PADC	PS	PT1	PX1	PT0	PX0

以上 8 位中的 PX1 和 PX0 在上次的外部中断中已经详细说明了，这里只介绍与 T0 和 T1 相关的 PT0 和 PT1 两位。

PT1（IP.3），定时器/计数器 T1 优先级设定位。

PT1=1，定时器/计数器 T1 为高优先级。

PT1=0，定时器/计数器 T1 为低优先级。

PT0（IP.1），定时器/计数器 T0 优先级设定位。

通过设置 PT0 和 PT1，T0 和 T1 可以设置不同的优先级，请在下表中填入适当的值，实现对 T0 和 T1 优先级的准确设置。

序号	PT0	PT1	优先级情况
1			T0 低优先级 T1 低优先级
2			T0 低优先级 T1 高优先级
3			T0 高优先级 T1 低优先级
4			T0 高优先级 T1 高优先级

5.2.3 定时器功能框图

前文我们学习定时器的基本工作原理时，认识了相关寄存器，其中包含一个定时器 T0 的功能框图，如图 5-3 所示。

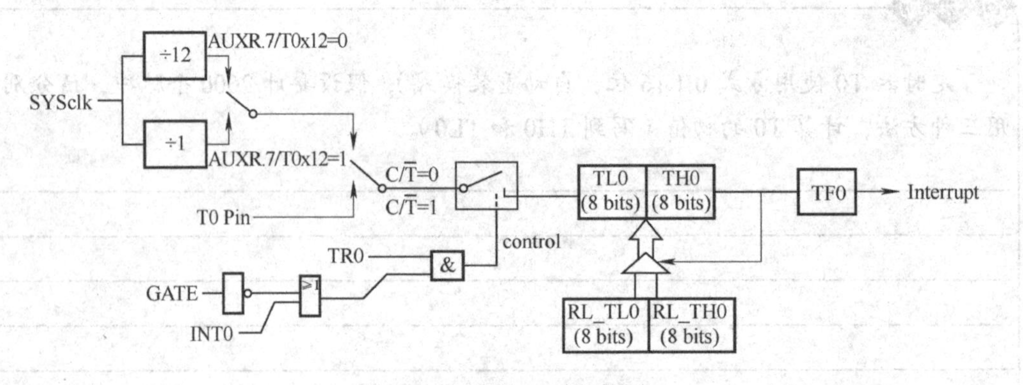

图 5-3 定时器 T0 功能框图

通过图 5-3，结合前文内容，可以清晰看到以下几点。

1）通过设置 C/T 可以实现定时器功能（C/T=0）与计数器功能（C/T=1）。当 T0 作为定时器时，其输入信号来源于系统时钟（SYSclk），可进行 12 分频，可以直接使用该时钟。默认情况下，我们使用 12 分频，这样的好处是：当系统时钟（SYSclk）是 12MHz 时，可以得到定时器的输入信号是周期 1μs 的脉冲。当 T0 用作计数器时，其输入信号来源于外部引脚信号，参照 P3 口的功能分配，我们得知对应的是 P3.3。

2）前文已提到，作为初学我们暂不考虑，门控位 GATE 的设置，而直接设为 0，从图 5-3 中可以看到：GATE 经过“反相器”后再与 INT0 进行“或”处理。这样，被设为逻辑 0 的 GATE 位，取反后变成逻辑 1，而“或门”是“有 1 出 1，全 0 出 0”，因此，GATE 和 INT0 这两个信号处理后，得到逻辑 1，这个逻辑 1 与定时器启动控制位 TR0 进行“与”操作。“与门”的控制逻辑是“全 1 出 1，有 0 出 0”，这样只有当 TR0 设为逻辑 1 时，T0 的启动开关才会被合上。这样，TR0 是 T0 启动与否的实际控制位。

3）当 T0 被启动（即 TR0=1），它就根据工作模式（定时器或计数器），从设定好的“初值”开始对相应的输入信号进行计数，直到定时器溢出，产生溢出标志 TF0，同时自动将预置的“初值”装载到 TH0 和 TL0 中，重新开始计数。

5.2.4 数码管显示

5.2.4.1 数码管显示基本原理

数码管其实就是若干个发光二极管有机组合在一起的。常见的是 7 段数码管，它是由 8 个发光二极管按一定方式组合在一起的。7 段数码管分为共阳极和共阴极两种，如图 5-4 所示。

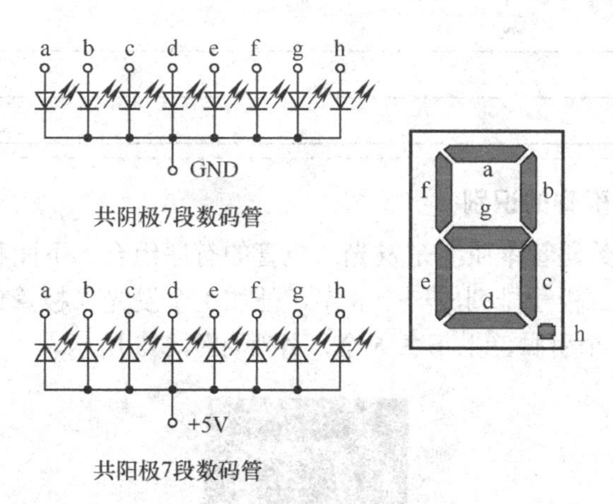

图 5-4 数码管基本的结构

共阳极数码管是将数码管中所有发光二极管的阳极短接在一起，对应二极管的阴极为低时点亮，为高时熄灭；共阴极数码管是将数码管中所有发光二极管的阴极短接在一起，对应二极管的阳极为高时点亮，为低时熄灭。如果要显示字符“8”，对共阴极数码管而言，h 段熄灭（阳极输入低电平“0”），a～g 段都必须点亮（对应阳极输入高电平“1”），见表 5-3。

表 5-3 共阴极数码管显示字符 8 编码

段编号	h	g	f	e	d	c	b	a
段状态	0	1	1	1	1	1	1	1
段亮灭	灭	亮	亮	亮	亮	亮	亮	亮

可见，要让共阴极数码管显示字符“8”，段码 h～a 对应的十六进制是 0x7f。对共阳极而言，请读者完成表 5-4。

表 5-4 共阳极数码管显示字符 8 编码

段编号	h	g	f	e	d	c	b	a
段状态								
段亮灭	灭	亮	亮	亮	亮	亮	亮	亮

动一动

请读者结合上面的描述，给出显示数码 0～9 对应的数码管段码值。

显示内容	0	1	2	3	4	5	6	7	8	9
共阳极段码值										
共阴极段码值										

想一想

要显示同样的字符，共阳极数码管和共阴极数码管的段码值有何关系？

5.2.4.2 数码管引脚的识别

前面我们说过，数码管本质上是发光二极管的有序组合，下面我们先来学习 1 位数码管。它是用 7 个发光二极管排列成一个 8 字，外加 1 个发光二极管作为小数点。从外观上看，1 位数码管有 10 个引脚，上下各 5 个，外观如图 5-5 所示。

图 5-5　1 位数码管外观

一般地，1 位数码管的引脚分布如图 5-6 所示。

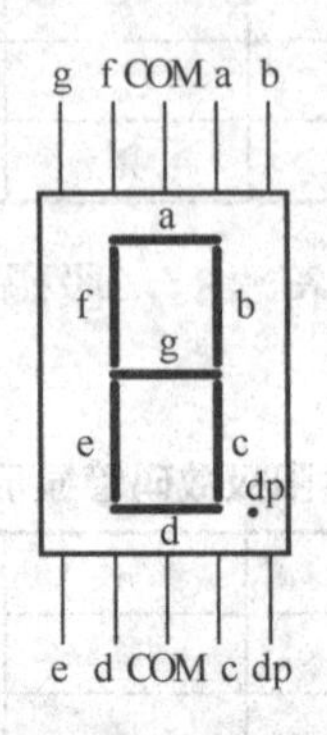

图 5-6　1 位数码管的引脚分布

图 5-6 中，COM 为公共端，若是共阳极数码管则 COM 接电源 VCC，若是共阴极数码管则 COM 接 GND，其他各段有序接在控制引脚。这里有两点需要特别提示。

➢ 为方便编程，一般数码管的 8 个段应有序连接控制引脚，如使用 P2 口控制数码管，则 P2.0 接 a 段，其余类推，直到 P2.7 接 dp 段。这样的好处是明显的，对共阴极数码管而言，你往 P2 口写数据 0x7f，则数码管显示数字“8”。而如果 8 个段码与 P2 口的 8 个位是“乱序”连接的，用户只能对 8 个段逐一控制，这种情况将十分烦琐。

➢ 与控制发光二极管一样，在各个段之间，请注意使用“限流电阻”。

我们知道根据，数码管可以显示 0~9 之间任意数字，并且还能显示小数点。当我们使用单片机来控制数码管时，几乎毫无例外地使用了“数组查表法”。即根据共阳极或共阴极数码管，构建一个存储器类型为 code 的一维数组，程序根据需要进行查表操作即可。

例如，对共阴极数码管，定义数组如下：

```
unsigned char code Tab[]={0x3f,0x06,0x5b,0x4f,0x66,0x6d,0x7d,0x07,0x7f,0x6f};
```

当要显示 0~9 之间的任意数字时，我们只要简单使用语句：P2=Tab[x]，其中 x 为需要显示的 0~9 之间的数字。

动一动

假设数码管是共阳极的，请读者定义可显示数码 0~9 的数组，要求：数据类型为无符号字符型、存储器类型为 code、数组名为 Table、带有小数点显示。

____

____

____

____

____

____

____

5.3 任务实施

5.3.1 电路原理图设计

本章任务使用数码管实现 10s 循环倒计时。通过前面的学习我们知道，定时器是单片机中的一个内部部件，当用作定时器使用时，使用系统时钟 SYSclk，无需外部引脚；数码管则需要使用 I/O 口进行控制。这里我们假设使用 P2 口连接一个 1 位的共阴极数码管，请在下面的矩形框内画出电路原理图。需要特别强调的是：

➢ 限流电阻的使用。

➢ 本章任务我们假定系统时钟 SYSclk 为 12MHz，且定时器使用 12T 模式！

5.3.2 模块化编程

我们将任务分解为如下几个模块，并分别加以实现，见表 5-5。

表 5-5 任务模块划分

序号	模块名	模块功能
1	定时器初始化	完成对定时器的工作方式设置、初值设定、中断开放、优先级设置、定时器启动等。
2	定时器中断服务函数	产生 1s 时间，并修改秒值变量
3	数码管显示模块	根据秒值变量显示不同 0～9 之间的数码
4	主函数	进行系统初始化，在死循环中实现数码管显示

5.3.2.1 变量定义

把一个任务分解成不同的功能模块，模块之间往往需要进行“交流”。比如数码管显示模块，需要根据不同的时间值，显示不同的数码；而这个不同的时间值又是在定时器中断服务函数中修改。这里我们定义一个全局变量 Sec_Val（中文意思，可理解成“秒值”），并初始化为 9，以实现一通电就从 9 开始倒计时。

```
unsigned char Sec_Val=9;//定义变量，在定时中断中改变，在数码管显示模块中使用
```

变量 Sec_Val 被不同模块调用，我们称这种变量为“全局变量”。“全局变量”一般定义在函数外部，从定义或声明它的地方开始，任何一个函数都可以访问它。可见，从某种意义上，全局变量使用起来似乎十分方便，“随处”“随时”可以使用它。但正是这种随意的“方便”，有时让人“追悔莫及”。试想：若变量 Sec_Val 被 100 个函数使用和修改，而其中某个函数对它执行了错误的操作，你能很容易找出这个函数吗？所以，记住一句话：全局变量猛于虎，一般情况下，我们尽量少用，甚至不用全局变量。

与全局变量对应的是局部变量，顾名思义，它是“局部”的，一般是指定义在某个函数内部的变量，因此它只能被定义它的函数所使用。在前几章我们多次定义并使用了“延时函数”，在函数内部定义的变量就是局部变量，它只在这个延时函数中有效。这样，在不同函数中，可以定义名字相同的变量，而不会相互冲突。比如，我们定义了三个延时函数，分别是 Delay1、Delay2、Delay3，在这三个函数都定义了一个无符号整形变量 i。这样的做法是允许的。

```
void Delay1(void)          void Delay2(void)          void Delay3(void)
{                          {                          {
    uint i;                    uint i;                    uint i;
    //函数体                   //函数体                   //函数体
}                          }                          }
```

5.3.2.2 定时器初始化

STC15F2K60S2 有三个定时器 T0、T1 和 T2，用户可以根据需要灵活选用。这里我们使用 T0。

定时器的初始化需要设置好工作方式 TMOD、设定初值（TH0、TL0）、是否开放中断（T0 本身 ET0，总开关 EA）及其优先级（PT0）等相关设置。如图 5-7 所示，为 T0 初始化函数，程序中已给出详细注释，这里不再赘述。

```
/*****************************************
*函数名：Time0_Init
*功能：初始化定时器0,50ms中断一次
*输入参数：无，void
*返回值：无，void
*备注：特别注意STC15F2K60S2的方式0：16位自动重装
*****************************************/
void Time0_Init(void)
{
    EA=0;        //关总中断
    TMOD=0x00;//模式设置，T0，模式0：16位，自动重装【注意与传统8051的区别】
    TH0=(65535-50000)/256; //计数初值设定，关键词：增计数，加到65535再加1溢出，产生中断
    TL0=(65535-50000)%256;//
    TF0=0;       //清T0溢出标志，避免由于干扰等原因导致一运行就触发中断
    ET0=1;       //开T0中断
    TR0=1;       //启动T0
    EA=1;        //开"总"中断
}
```

图 5-7　T0 初始化函数

想一想

1. 我们要实现10s循环倒计时，为什么图5-7中让T0每隔50ms中断一次，而不是每隔1s中断一次。提示：对十六位定时器而言，其最大定时时间是有限的。

2. 既然图5-7只是50ms中断一次，那我们如何实现1s的计时呢？

5.3.2.3 定时器中断服务函数

如果在初始化时，还开放了相应的中断功能，则用户还必须给出相应的中断服务函数。当我们使用C语言进行编程时，使用关键字“interrupt n”形式来表示该函数为“中断服务函数”，其中n的取值非常重要。那么请读者回顾一下，不同的n值对应不同功能部件的中断，请完成表5-6。

表5-6 n的取值与功能模块中断的对应关系

不同n值	对应功能模块的中断
0	
1	
2	
3	
4	

对应图5-7给出的初始化函数，前文我们已经定义了全局变量Sec_Val，我们要在定时器中断服务函数中实现对变量Sec_Val的修改。毫无疑问，Sec_Val只能每隔1s变化一次，而定时器T0是每隔50ms中断一次，怎么办？请读者仔细阅读图5-8中断服务函数。

可见，我们在中断服务函数中仅使用一个变量Cnt_1s来计数：每中断一次，变量Cnt_1s执行一次加1操作。由于中断是每隔50ms发生一次的，这意味着每计一个数相当于50ms，当Cnt_1s加到20时，说明1s时间到，我们可以修改秒值变量Sec_Val了。

```
void  T0_ISR(void) interrupt 1
{
  static unsigned char Cnt_1s=0;//定义变量，用以实现1s计时
  Cnt_1s++;        //变量加1,
  if(Cnt_1s>=20) //20个50ms即为1s
  {
    Cnt_1s=0;    //复位变量，重新计1s
    if(Sec_Val>0)//秒值大于0
    {
      Sec_Val--; //继续减1
    }
    else         //秒值已是0
    {
      Sec_Val=9; //恢复到9,
    }
  }
}
```

图 5-8　T0 的中断服务函数

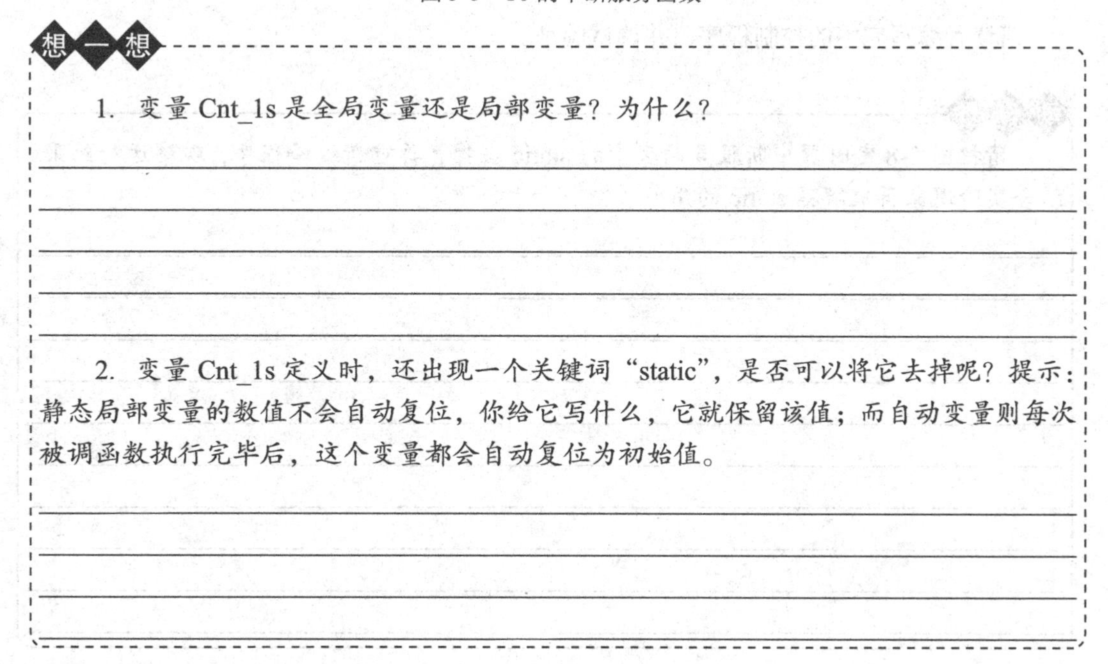
想一想

1. 变量 Cnt_1s 是全局变量还是局部变量？为什么？

2. 变量 Cnt_1s 定义时，还出现一个关键词“static”，是否可以将它去掉呢？提示：静态局部变量的数值不会自动复位，你给它写什么，它就保留该值；而自动变量则每次被调函数执行完毕后，这个变量都会自动复位为初始值。

5.3.2.4　数码管显示模块

前面我们已讲过，对数码管显示而言，一般通过数组查表法实现会比较简洁。首先定义一个对应特性数码管的一维数组，然后根据需要显示的内容，查询数组元素即可。请读者阅读图 5-9 数码管显示函数。

```
unsigned char code Table[]={0x3f,0x06,0x5b,0x4f,0x66,0x6d,0x7d,0x07,0x7f,0x6f};
void  SegLed_Display(void)
{
  P2=Table[Sec_Val];
}
```

图 5-9　数码管显示函数

可见，由于秒值变量 Sec_Val 被限制在 0～9 之间，通过 Table[Sec_Val]操作就实现了对应数码的数码管显示了。

5.3.2.5 主函数

一个程序有且只能有一个主函数main。主函数main是统帅，它实现对各个功能模块的有序调配，从而最终实现控制目标。具体函数如图5-10所示。

```
void  main(void)//主函数
{
  Time0_Init();//T0初始化
  while(1)
  {
    SegLed_Display();//数码管显示
  }
}
```

图5-10 主函数

请读者编写完整的控制程序，并调试验证。

动一动

请把图5-8定时器中断服务函数中的static去掉，再重新编译程序，观察运行结果，结合实验现象再次解释static的用处。

5.4 巩固练习

1. 请解释“全局变量”“局部变量”和“静态变量”。

2. 请使用定时器 T1 实现数码管每隔 100ms 循环显示 0~9。要求 T1 每隔 20ms 中断一次，高优先级。

3. 请解释 TMOD、TCON、IP 和 IE 等特殊功能寄存器的含义。

4. 在前面几章的学习中，我们只用“延时函数”来实现延时的目的，其效果是十分糟糕的，首先难以产生较为精确的延时，更重要的是在延时过程中，单片机无法往下执行其他指令（它在忙着数绵羊呢），导致单片机执行的效率非常低下。通过本章的学习，我们知道有了定时器，我们可以每隔一段时间去处理某件事，比如每隔 1s 改变一下指示灯状态。请使用定时器，实现对接在 P0 口的 8 个指示灯依次循环点亮。说明：我们建议读者把流水灯章节全部模式的流水灯全部重新实现一次。

5. 第 3 章我们在学习按键检测时，同样使用了“延时函数”以实现“去抖动”的目的，其实我们完全可以换个思维——每隔一段时间（比如 10ms、20ms）去检测按键状态，如果连续两次检测到的状态是一致的，则可以认为该状态是有效的。请看图 5-11。

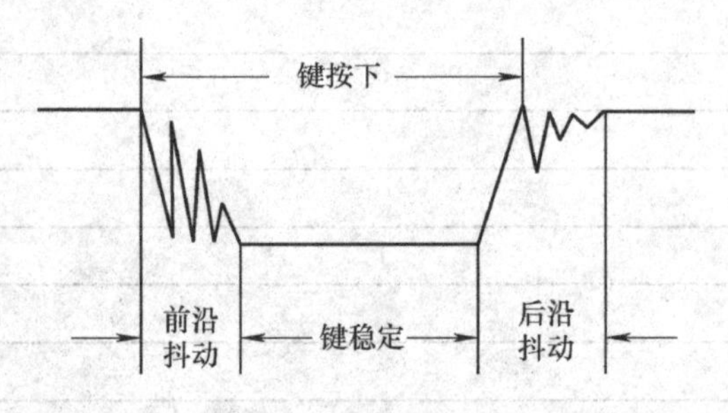

图 5-11　按键动作过程

我们可以将按键检测状态定义为如下三种：

➢ “初始状态”——每隔一段时间检测一次按键状态，若为高电平，则保持此状态；若变为低电平，则进入下一个状态，即消抖状态。

➢ “消抖状态”——此状态再次检测按键状态，若变为高电平，则返回初始状态，说明上一个状态检测到的电平为干扰；若保持为低电平，则说明按键真的被按下，这是可设置按键按下标志，同时进入下一个状态，等待松开状态。

➢ “等待松开状态”——此状态由于这一次的按键按下已被响应了，哪怕它一直保持低电平，也不再认为按键有效了；此状态，一旦检测到按键变为高电平，则恢复到“初始状态”。

这样，我们可以使用 if 语句，每隔一段时间进行查询与判断，而不用使用 for 或 while 语句进行循环操作。如此，单片机会有大把的“时间”去处理其他事务。请读者认真阅读

图 5-12，理解并消化这种高效率的按键检测方法，并建议在后续学习工作中尽量避免使用长时间延时函数。

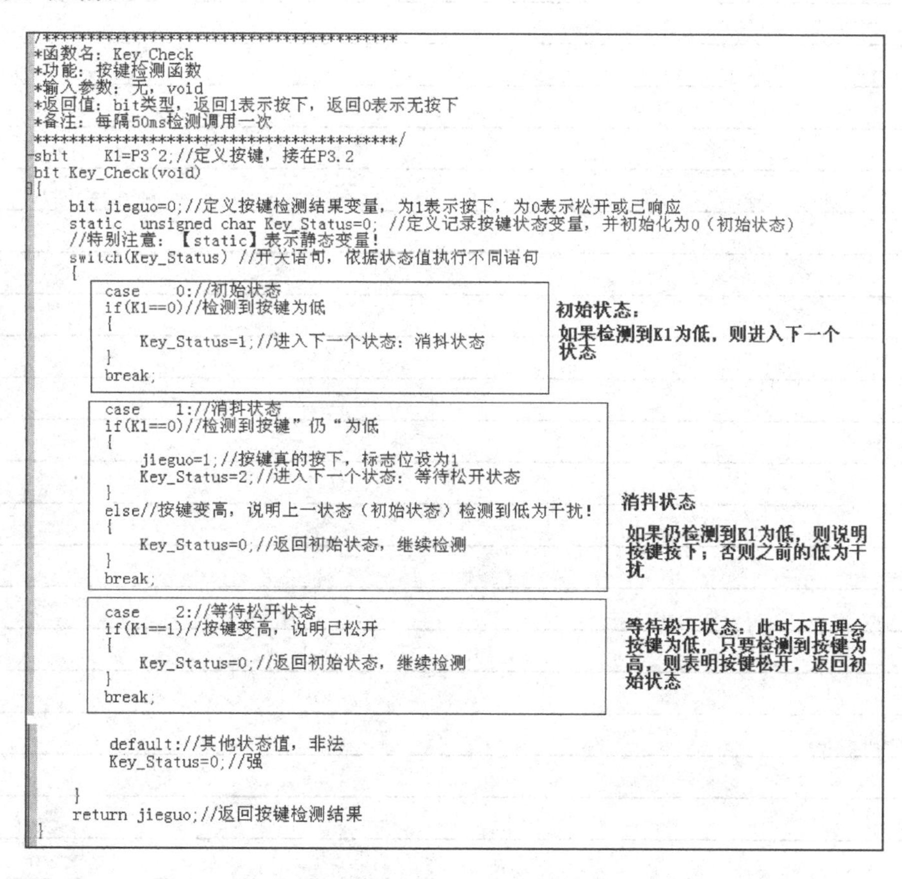

```
/*****************************************
*函数名：Key_Check
*功能：按键检测函数
*输入参数：无，void
*返回值：bit类型，返回1表示按下，返回0表示无按下
*备注：每隔50ms检测调用一次
*****************************************/
sbit    K1=P3^2;//定义按键，接在P3.2
bit Key_Check(void)
{
    bit jieguo=0;//定义按键检测结果变量，为1表示按下，为0表示松开或已响应
    static  unsigned char Key_Status=0; //定义记录按键状态变量，并初始化为0（初始状态）
    //特别注意：【static】表示静态变量！
    switch(Key_Status) //开关语句，依据状态值执行不同语句
    {
        case    0://初始状态
        if(K1==0)//检测到按键为低
        {
            Key_Status=1;//进入下一个状态：消抖状态
        }
        break;
        case    1://消抖状态
        if(K1==0)//检测到按键"仍"为低
        {
            jieguo=1;//按键真的按下，标志位设为1
            Key_Status=2;//进入下一个状态：等待松开状态
        }
        else//按键变高，说明上一状态（初始状态）检测到低为干扰！
        {
            Key_Status=0;//返回初始状态，继续检测
        }
        break;
        case    2://等待松开状态
        if(K1==1)//按键变高，说明已松开
        {
            Key_Status=0;//返回初始状态，继续检测
        }
        break;

        default://其他状态值，非法
        Key_Status=0;//强

    }
    return jieguo;//返回按键检测结果
}
```


图 5-12　高效的按键检测函数

在理解与消化图 5-12 的基础上，请使用图 5-12 的按键检测方法，每按一下接在 P3.2 的按键，数码管显示的数码加 1。要求：数码管初始时显示“0”；当数码管显示“9”时再加 1，恢复为显示“0”。

第 6 章

彼此沟通——串口

1）了解串行通信的基本原理。

2）熟悉 8051 串行口的基本结构并能准确使用。

3）进一步培养自主学习的能力。

某使用 STC15F2K60S2 单片机的控制器，接有 8 个指示灯，并按 1～8 的顺序编号。用户要求使用个人计算机控制这个控制器，具体要求是：8 个指示灯初始化为全部熄灭，当单片机接收到“1～8”任意一个字符时，点亮对应的指示灯，其他熄灭，同时单片机返回字符“Y”表示正确。若单片机收到其他字符，则全部指示灯熄灭，并返回字符“N”，表示错误。假设你为设计人员，请查阅数据手册和相关网络资料，完成这一功能的设计。

6.1 任务分析

世界上的万事万物都是相互联系的，单片机自然也不例外。事实上，人们一直使用单片机的 P3.0（Rxd）和 P3.1（Txd）两根引脚，通过内置在单片机内的 ISP 监控程序，实现与计算机的通信——下载用户程序。

本章要求实现单片机与计算机的通信，就是利用 P3.0（Rxd）和 P3.1（Txd）两根引脚实现数据传输的，其中 P3.0（Rxd）为【接收】脚，实现计算机向单片机的数据传输，P3.1（Txd）为【发送】脚，实现单片机向计算机的数据传输。P3.0（Rxd）和 P3.1（Txd）是两根独立引脚，一次只能传输一个“位”，即 bit 型，因此如果要传输一个字节，则必须传输 8 次。但传输一个位（bit）的时间是很短的，其速度可用“波特率”来反映。所谓波特率，简单说就是 1s 传输的二进制的位数，因此其数值越高，传输速度越快。请读者查看图 6-1，回答常用的波特率有哪些？

注：波特率一般不是任意设定的，有一些常用选择值。

以“9600”为例，表示 1s 传输 9600bit，则 1s 内可传输的字节数：9600/8=1200。

如前所述，对单片机而言，P3.0（Rxd）用于接收数据，P3.1（Txd）用于发送数据，它们可同时工作。可见，单片机具备了“双向传输”的能力，这其实就是所谓的“双工”。

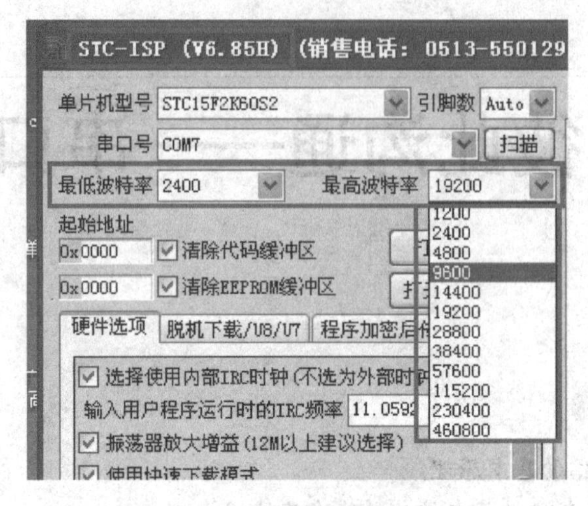

图 6-1　常用波特率示意图

任务要求计算机发送字符，单片机依据接收到的字符做相应处理，同时还要发送一个“字符”给计算机。单片机如何识别“字符”？请读者读图 6-2，先有一个感性的认识。STC-ISP 软件属于计算机端软件，之前人们已经无数次使用它进行用户程序的烧录。事实上，这个软件还带有其他很多【实用】功能，比如“串口助手”，用户可以使用该助手实现计算机与单片机的通信。有一点必须特别强调：必须设置好相应的串口号，通信双方必须设置相同的波特率、校验方式、停止位等基本设置。

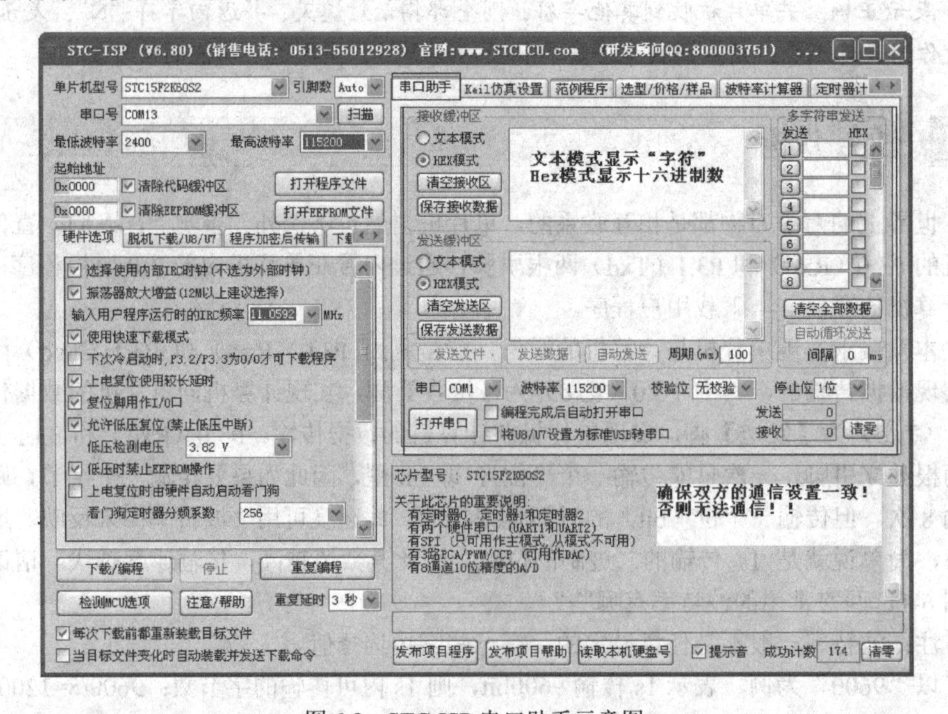

图 6-2　STC-ISP 串口助手示意图

想一想

1. 常见的校验方式有“奇校验”和“偶校验”，所谓奇校验就是数据中“1”的个数与校验位中“1”的个数之和，为奇数个。偶校验则保证和为偶数个。假设某个数据为 0x79，分别使用“奇校验”和“偶校验”，请问校验位是什么？

2. 我们知道，串行通信的数据是一位一位地传送。发送方首先发送一个【起始位】，接着发送若干个【数据位】(常见的是 8 位)，有些还会接着发送一个【校验位】(如问题 1，常采用的是“奇校验”或“偶校验”)，最后发送 1～2 位的【停止位】。据此，并查阅相关网络资料，请读者写出串行通信的数据格式。

3. 当使用“文本模式”时，意味着发送或接收到的数据为“ASCII”码形式（详见附录 A)，请读者写出字符 0～9 对应的 ASCII 码，大写字母 A～Z 的 ASCII 码，小写字母 a～z 的 ASCII 码。

4. 能说出‘a’和“a”的区别吗？建议：在编写控制程序时，可以直接使用某个字符对应的 ASCII 码，也可以使用单引号将这个字符括起来，人们一般选择后者，比如要将字符‘a’给某个变量 temp，直接操作 temp=‘a’即可，编程软件会自动把‘a’变换成字母‘a’的 ASCII 码赋值给变量 temp。

因此，要完成本章设计任务，必须知道如下几点：

- 串口的基本工作原理、结构、相关寄存器等内容。
- 波特率的概念及其相关计算。
- 字符相关内容。
- 串口助手的使用方法。

6.2 知识链接

6.2.1 串行口介绍

STC15F2K60S2 单片机具有 2 个采用 UART（Universal Asychronous Receiver/ Transmitter）工作方式的全双工异步串行通信接口（串口 1、串口 2）。每个串行口由两个数据缓冲器 SBUF、一个移位寄存器、一个串行控制寄存器 SCON 和一个波特率发生器等组成。每个串行口的数据缓冲器由两个相互独立的接收、发送缓冲器构成，可以同时发送和接收数据。发送缓冲器只能写入而不能读出，接收缓冲器只能读出而不能写入，因而两个缓冲器可以共用一个地址码，串行口 1 的两个缓冲器共用的地址码是 99H，串行口 2 的两个缓冲器共用的地址码是 9BH。串行口 1 的两个缓冲器统称为串行通信特殊功能寄存器 SBUF；串行口 2 的两个缓冲器统称为串行通信特殊功能寄存器 S2BUF。

想一想

若定义一个无符号字符型变量 temp，分别执行：1）SBUF=temp;2）temp=SBUF。请问此时的 SBUF 是什么缓冲器？

STC15F2K60S2 单片机的串行口 1 有 4 种工作方式，其中两种的波特率是可变的，另两种的波特率是固定的，以供不同应用场合选用。串行口 2 只有两种工作方式，这两种工作方式的波特率是可变的。用户可用软件设置不同的波特率和选择不同的工作方式。主机可通过查询或中断方式对接收/发送进行程序处理，使用十分灵活。本书只介绍串口 1 的基本操作，相信读者掌握串口 1 之后，串口 2 的使用将水到渠成。

需要强调的是要使用某个功能模块，简单说就是在理解的基础上，合理配置、操作相关寄存器，串口 1 也不例外。

6.2.2 四种工作方式

STC15 系列单片机的串口 1 设有两个控制寄存器：串行控制寄存器 SCON 和波特率选择特殊功能寄存器 PCON。串行控制寄存器 SCON 用于串行通信的工作方式和某些控制功能。电源控制寄存器 PCON 中的 SMOD/PCON.7（最高位）用于设置串口 1 方式 1、方式 2 和方式 3 的波特率是否加倍。

6.2.2.1 串行控制寄存器 SCON

地址：98H，可位寻址。其格式见表 6-1。

表 6-1 SCON 的各位定义

名称	地址	位	B7	B6	B5	B4	B3	B2	B1	B0
SCON	98H	位名	SM0	SM1	SM2	REN	TB8	RB8	TI	RI

SM0 和 SM1：有 4 种组合，用以选择串口的工作方式，见表 6-2。

表 6-2 串行口的工作方式

SM0	SM1	工作方式	功能说明
0	0	方式 0	同步移位串行方式：移位寄存器
0	1	方式 1	8 位 UART，波特率可变
1	0	方式 2	9 位 UART
1	1	方式 3	9 位 UART，波特率可变

SM2：多机控制位。它可实现多个单片机之间进行通信，作为入门教程，本章只讨论双机通信，SM 设为“0”。

REN：串行接收允许/禁止控制位。REN=1 时允许串行接收，数据可通过 P3.0（Rxd）发送到单片机；若 REN=0 则禁止串行接收。

TB8、RB8：当串口工作在方式 2 或方式 3 时，传输的都是 9 位的数据，而 SBUF 是 8 位的，容纳不下 9 位二进制，因此使用 TB8 用来存放待发送的第 9 位数据，RB8 用来存放接收到的第 9 位数据。这里只讨论最常用的方式 1，其传输的是 8 位二进制，因此可忽略 TB8 和 RB8，同时将它们都设为“0”。

TI：发送中断请求标志位。当发送完毕时，由硬件自动置位（设为“1”），用户可通过查询或中断方式进行处理，但无论何种方式，TI 不会自动复位，都必须进行执行软件清零操作。

RI：接收中断请求标志位。当接收完毕时，由硬件自动置位（设为“1”），用户可通过查询或中断方式进行处理，但无论何种方式，RI 不会自动复位，都必须进行执行软件清零操作（设为“0”）。

温馨提示

SCON 有接收使能控制位（REN），怎么没有发送使能控制位呢？事实上，设定好相应工作方式后，用户只要将待发送的数据写入 SBUF，即能“自动”实现使能发送了。

动一动

依据上文描述，请设置 SCON，要求工作在方式 1，允许同时接收和发送。

6.2.2.2 电源控制寄存器 PCON

PCON：电源控制寄存器，地址 87H，不可位寻址，其格式见表 6-3。这里只介绍其最高位（B 7）：SMOD。

表 6-3 PCON 的各位定义

SFR name	Address	bit	B7	B6	B5	B4	B3	B2	B1	B0
PCON	87H	name	SMOD	SMOD0	LVDF	POF	GF1	GF0	PD	IDL

SMOD=1，对方式 1、2、3 而言，波特率将翻倍；若 SMOD=0，则各个工作方式的波特率不加倍。复位时 SMOD=0。当读者需要进行波特率加倍时，请务必小心处理该寄存器，避免影响到其他位。

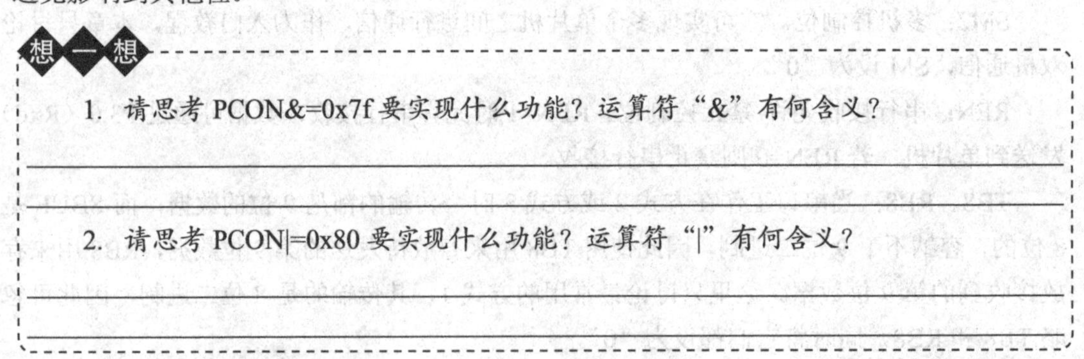

想一想

1. 请思考 PCON&=0x7f 要实现什么功能？运算符“&”有何含义？

2. 请思考 PCON|=0x80 要实现什么功能？运算符“|”有何含义？

6.2.3 波特率的设置

前文已经提到，波特率反映了串行通信的速度，波特率越高，则传输速度越快，波特率越低，传输速度越慢。那波特率由谁来决定呢？

6.2.3.1 使用波特率计数器实现

对 STC15F2K60S2 单片机而言，其 STC_ISP 软件集成了波特率设置功能，如图 6-3 所示。

图 6-3 STC_ISP 波特率计算器

用户设定好系统频率、波特率、串口号、串口工作方式（UART 数据位）、波特率发生器和定时器时钟后，单击“生成 C 代码”即可。这里特别请读者注意“误差”显示部分，最好所产生的波特率是没有计算误差的。

其中，特殊功能寄存器 AUXR 为辅助寄存器，其相关位见表 6-4。第 6 位（B6）是 T1 速度控制位，对应图 6-2 中的“定时器时钟”。当 T1×12=1，则定时器 T1 进入“1T”模式，速度比传统 8051 单片机快了 12 倍。当 T1×12=0，则定时器 T1 为传统的 12T 模式，即 12 个时钟周期为一个机器周期，定时器计数值加 1。

表 6-4 AUXR 的各位定义

SFR name	Address	bit	B7	B6	B5	B4	B3	B2	B1	B0
AUXR	8EH	name	T0x12	T1x12	UART_M0x6	T2R	T2_C/$\overline{T}$	T2x12	EXTRAM	S1ST2

其他相关寄存器，如有不清楚的，请查阅定时器章节。

6.2.3.2 波特率的生成

这里以串口 1，常用的工作方式 1 为例说明。串行通信模式 1 的波特率是可变的，由定时器/计数器 1 或定时器 2 产生，商家推荐优先选择定时器 2 产生波特率。请读者再次观察图 6-2，其波特率发生器选择定时器 T1 来产生。

1．使用 T2 作为波特率发生器

串口 1 的波特率=（定时器 2 的溢出率）/4。

当 T2 工作在 1T 模式时，定时器 2 的溢出率=系统时钟/（65536-[RL_TH2，RL_TL2]）；此时，串口 1 的波特率=系统时钟/（65536-[RL_TH2，RL_TL2]）/4。

当 T2 工作在 12T 模式时，定时器 2 的溢出率=系统时钟/12/（65536-[RL_TH2，RL_TL2]）；此时，串口 1 的波特率=系统时钟/12/（65536-[RL_TH2，RL_TL2]）/4。

说明：读者只需了解基本原理，实际应用时可直接使用 STC_ISP 软件进行设置。

2．使用 T1 作为波特率发生器——16bit 自动重装模式

当串口 1 使用 T1 作为其波特率发生器且 T1 工作于模式 0（16 位自动重装模式）时，串口 1 的波特率=（定时器 1 的溢出率）/4。【注意：此时波特率与 SMOD 位无关！】

当 T1 工作在 12T 模式时，T1 的溢出率=系统时钟/12/（65536-[RL_TH1，RL_TL1]）；即此时串口 1 的波特率=系统时钟/12/（65536-[RL_TH1，RL_TL1]）/4。

当 T1 工作在 1T 模式时，T1 的溢出率=系统时钟/（65536-[RL_TH1，RL_TL1]）；即此时串口 1 的波特率=系统时钟/（65536-[RL_TH1，RL_TL1]）/4。

说明：读者只需了解基本原理，实际应用时可直接使用 STC_ISP 软件进行设置。

3．使用 T1 作为波特率发生器——8bit 自动重装模式（与传统 8051 兼容）

当串口 1 使用 T1 作为其波特率发生器且 T1 工作于模式 2（8 位自动重装模式）时，与传统的 8051 单片机完全兼容。此时串行口 1 的波特率

$$(2^{SMOD}/32)\times(\text{定时器1的溢出率})$$

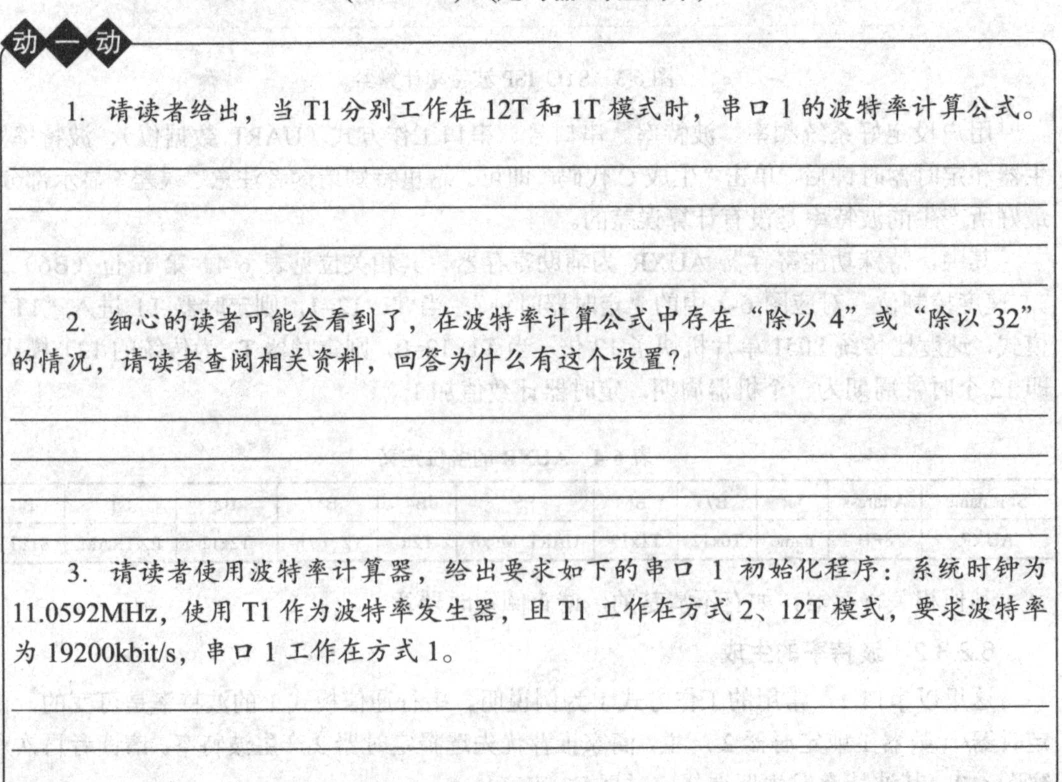

动一动

1．请读者给出，当 T1 分别工作在 12T 和 1T 模式时，串口 1 的波特率计算公式。

2．细心的读者可能会看到了，在波特率计算公式中存在“除以 4”或“除以 32”的情况，请读者查阅相关资料，回答为什么有这个设置？

3．请读者使用波特率计算器，给出要求如下的串口 1 初始化程序：系统时钟为 11.0592MHz，使用 T1 作为波特率发生器，且 T1 工作在方式 2、12T 模式，要求波特率为 19200kbit/s，串口 1 工作在方式 1。

6.2.4 RI 和 TI 的处理

前文已提到，当发送完一个字符时，TI 会由硬件自动置位，当接收到一个合法字符时，RI 也会由硬件自动置位。读者可以选择两种方法进行处理。

（1）使用查询方式　通过查询 TI 或 RI 是否为 1，来判断是否已发送完毕或接收一个字符。其基本处理格式如下：

```
if(RI)//接收到数据
{
    RI=0;//复位
    //处理
}
if(TI)//发送一个字节完毕
{
    TI=0;//复位
    //处理
}
```

（2）使用中断方式　前提是开放串口 1 的中断，当 TI 或 RI 被置位时触发中断，在中断服务函数中判断是接收还是发送引发的中断并做相应的处理。请读者务必注意“interrupt 4”！

```
void UART_ISR(void) interrupt 4
{
    if(RI){//接收到数据
        RI=0;//复位
        //处理
    }
    else if(TI){//发送一个字节完毕
        TI=0;//复位
        //处理
    }
}
```

请读者千万记住：无论是查询方式还是中断方式，都需要软件对 RI 或 TI 执行复位操作，中断系统无法自动复位中断标志！这一点，与外部中断、定时器中断有明显的区别，请读者务必注意区别。

6.3 任务实施

6.3.1 电路原理图设计

通过前面的学习可知，使用 STC_ISP 软件，人们通过串口不仅实现程序的下载，还可以使用“串口助手”进行计算机与单片机的通信。请读者查阅第 1 章中的相关内容，以及 STC15 系列单片机数据手册，在下面的矩形框内画出电路原理图。具体要求是：使用 CH340G 芯片，实现 USB 转 TTL，方便使用 USB 口进行程序的下载与“串口助手”的使用。

想一想

单片机的 Txd 和 Rxd 是否与 CH340G 的 Txd 和 Rxd 一一对应？

6.3.2 模块化编程

由于计算机端使用“串口助手”，无需进行编程，只要合理设置 STC_ISP 中“串口助手”中相关项即可，这点在本章任务分析中有说明，不再赘述。从单片机角度，可将本任务分解成若干功能模块，见表 6-5。

表 6-5 本章任务模块划分

序号	模块名	基本功能
1	串口初始化	使用 T1 作波特率发生器，波特率 9600，开放串口中断，允许接收和发送
2	串口中断服务函数	根据是发送完成 TI 还是接收完成 RI，进行相应处理。若是接收完毕，则判断所接收的字符是否在范围内，若是则发送字符“Y”，否则发送字符“N”，最后记清楚 RI。若是发送完毕，直接复位 TI 标志位即可
3	指示灯显示	根据接收到的字符点亮不同的指示灯
4	主函数	实现系统初始化，并调用指示灯显示模块

在模块 2 和模块 3 之间，都需要“接收的字符”这一变量，为此，我们可定义一个“无符号字符型”的全局变量，用来实现这两个模块之间的联系。

6.3.2.1 串口 1 初始化和中断服务函数

首先定义一个无符号字符型变量 Char_Get，用于存储和接收字符，并供指示灯显示模块使用。读者应特别注意：RI 和 TI 必须通过软件复位，并注意“interrupt 4”，如图 6-4 所示。

```
01 #include <reg51.h>
02
03 unsigned char Char_Get=0;//定义无符号字符型变量，用来存放接收到的数据
04
05 sfr AUXR=0x8e;//定义AUXR，地址为0x8e（reg51.h头文件中不包括该寄存器）
06 void UartInit(void)        //9600bps@11.0592MHz
07 {
08     SCON = 0x50;           //方式1：8位数据,可变波特率。允许接收。
09     AUXR &= 0xBF;          //定时器1时钟为Fosc/12,即12T
10     AUXR &= 0xFE;          //串口1选择定时器1为波特率发生器
11     TMOD &= 0x0F;          //设定定时器1为16位自动重装方式
12     TL1 = 0xE8;            //设定定时初值
13     TH1 = 0xFF;            //设定定时初值
14     ET1 = 0;               //禁止定时器1中断
15     ES=1;                  //开放串口1中断
16     TR1 = 1;               //启动定时器1
17     EA=1;                  // 开放总中断
18 }
19
20
21 void Uart_ISR(void) interrupt 4 //串口1中断，注意【中断号】
22 {
23     if(TI)                 //发送中断标志
24     {
25         TI=0;              //软件清零
26     }
27     else if(RI)            //接收中断标志
28     {
29         RI=0;              //软件清零
30         Char_Get=SBUF;     //将接收到数据写到全局变量中
31         if((Char_Get>='1')&&(Char_Get<='8'))//收到的是1-8之间的字符
32         {
33             SBUF='Y';      //返回'Y'
34         }
35         else//其他字符
36         {
37             SBUF='N';      //返回'N'
38         }
39     }
40 }
```

图 6-4 串口初始化与中断服务函数

6.3.2.2 指示灯显示

本模块利用全局变量 Char_Get 的值，使用 switch 语句，实现不同字符的显示。由于 Char_Get 存放的是接收到的 ASCII 字符，可以直接使用 1～8 对应的 ASCII 码（0x31～0x38），也可以通过单引号将对应字符括起来。推荐使用更为直观的后者，编译器会自动转换成 ASCII 码。详细实现代码如图 6-5 所示。

```
42 void Led_Display(void)//使用全局变量Char_Get
43 {
44     switch(Char_Get)
45     {
46         case    '1':  //接收到字符'1'
47         P2=0xfe;
48         break;
49
50         case    '2':  //接收到字符'2'
51         P2=0xfd;
52         break;
53
54         case    '3':  //接收到字符'3'
55         P2=0xfb;
56         break;
57
58         case    '4':  //接收到字符'4'
59         P2=0xf7;
60         break;
61
62         case    '5':  //接收到字符'5'
63         P2=0xef;
64         break;
65
66         case    '6':  //接收到字符'6'
67         P2=0xdf;
68         break;
69
70         case    '7':  //接收到字符'7'
71         P2=0xbf;
72         SBUF='Y';
73         break;
74
75         case    '8':  //接收到字符'8'
76         P2=0xf7;
77         break;
78
79         default:      //接收到其他字符,指示灯熄灭,并返回'N'
80         P2=0xff;
81         break;
82     }
83 }
```

图 6-5 指示灯显示函数

6.3.2.3 主函数

主函数 main 只需调用串口初始化函数，并在 while（1）死循环中调用指示灯显示函数，串口中断服务函数会接收计算机发来的字符，同时根据字符是否正确反馈一个字符到计算机，如图 6-6 所示。

```
86 void main(void)//主函数
87 {
88     UartInit();//初始化串口1
89     while(1)   //死循环
90     {
91         Led_Display();
92     }
93 }
```

图 6-6 主函数

请读者认真阅读图 6-4～图 6-6，并下载验证。

6.4 巩固练习

1．请解释“串口”与“并口”的概念。

2．请解释“波特率”的概念，并给出常见的几种波特率值。

3．请给出异步串行通信的基本数据格式，并解释各个部分的含义。

4．请使用串行通信的方式，实现单片机 A 的按键 S1 控制单片机 B 的指示灯 D0 的亮灭控制，具体要求如下：

1）单片机 A 将按键状态通过串口发送给单片机 B，若按键 S1 按下则单片机 B 将指示灯 D0 点亮，若按键 S2 松开则单片机 B 将指示灯 D0 熄灭。

2）单片机 A 只开放发送，不接收，不开放中断。

3）单片机 B 只开放接收，不发送，不开放中断。

第 7 章

简易数字式电压表

学习目标

1）理解并掌握数码管驱动的基本方法，会动态刷新数码管。

2）了解 ADC 的基本知识，并会灵活使用。

3）进一步学习模块化编程的思想并自觉实践。

任务描述

现实生活中存在各种模拟量，比如温度、电压、流量和压力等，而计算机作为一种数字装置，它只能识别和使用数字量。因此，需要有一种器件实现将模拟量转换为计算机能够识别和使用的数字量，计算机处理之后，有时还需要一种器件将数字量转换为现实中可以使用的模拟量。前者称为模-数转换器（简称为 ADC），后者称为数-模转换器（简称为 DAC）。有关模拟量、数字量、ADC、DAC 的基础知识，本书不做详细介绍，感兴趣的读者请自行查阅相关资料，特别是搜索网络资料。

现有一路直流电压，其范围为 0～5V，需要使用 STC15F2K60S2 单片机制作一个简易的数字式电压表，使用数码管实时进行显示，要求格式为：x.xx 形式，即精确到 0.01V。假定你是技术人员，请在一周内完成这项任务。

7.1 任务分析

通过查阅数据手册可以得知 STC15F2K60S2 自带 A-D 模块，10 位分辨率，共 8 个独立通道。要使用这个 A-D 模块，就得去认识它、熟悉它。这是完成本章工作任务的第一个重点，也是难点。

同时，该任务明确提出要使用数码管进行显示，而且是实时显示（要能够及时反映出电压值变化）。在第 5 章，讲述了使用单个数码管实现倒计时的任务，当需要显示多个信息时，就必须使用多个数码管了。因此，读者必须去认识数码管的基本组成、驱动方法，以及如何显示“x.xx”形式的电压。

最后，要求实时显示，也就是一旦电压值发生改变，就必须快速显示出来，不能有太长的延迟。那如何实现这个“实时性”呢？

可见，本章的重点有三点：

1）A-D 模块的使用。

2）多位数码管的显示。

3）实时更新。

7.2 知识链接

7.2.1 A-D 模块

首先认识一下 A-D 模块是如何接线的。如图 7-1 所示，STC15F2K60S2 单片机有 8 路 A-D 通道，分布在 P1.0～P1.7。以 P1.0 为例，其引脚名称标注为“Rxd2/CCP1/ADC0/P1.0”，表明该引脚具有多个功能，可以通过适当配置实现期望的功能。本章要使用的 A-D 功能就是利用了功能复用将 P1.0 设置为 A-D 模拟电压输入功能。作为基础实验，可以使用一个电位器输入 0～5V 可调的直流电压，作为 ADC 的信号源。

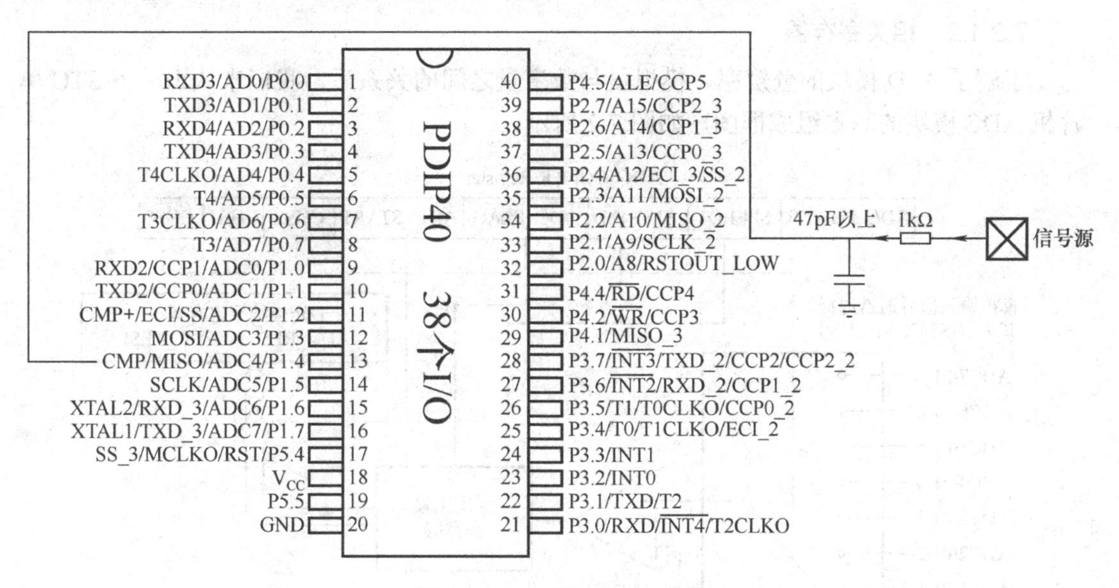

图 7-1 A-D 模块的 I/O 接线

7.2.1.1 分辨率

STC15F2K60S2 单片机具有 8 个独立通道的、分辨率为 10 位（二进制）的 A-D 模块。衡量一个 A-D 模块好坏有许多指标，而且 A-D 的实现原理也有多种形式，作为初学我们只关心其中一个最重要的指标：分辨率。10 位分辨率意味着可以表示数的范围：00 0000 0000～11 1111 1111，转换为 16 进制即 0x0000～0x03ff，对应十进制即 0～1023。也就是说，外界模拟的范围（这里是 0～5V）对应着转换后的数字量范围（十进制是 0～1023），也可以认为将 0～5V 分为 1024 份。

想一想

如果 A-D 转换为的数字为 512，请问外界的模拟电压是多少？若是外界输入电压为零，则对应的数字量是什么？如果外界输入最大电压值，则对应的数字量又是什么？你能写出电压与数字量之间的函数关系吗？

7.2.1.2 相关寄存器

了解了 A-D 模块的分辨率，模拟量与数字量之间的关系后，我们来认识一下 STC 单片机 ADC 模块的基本组成框图，如图 7-2 所示。

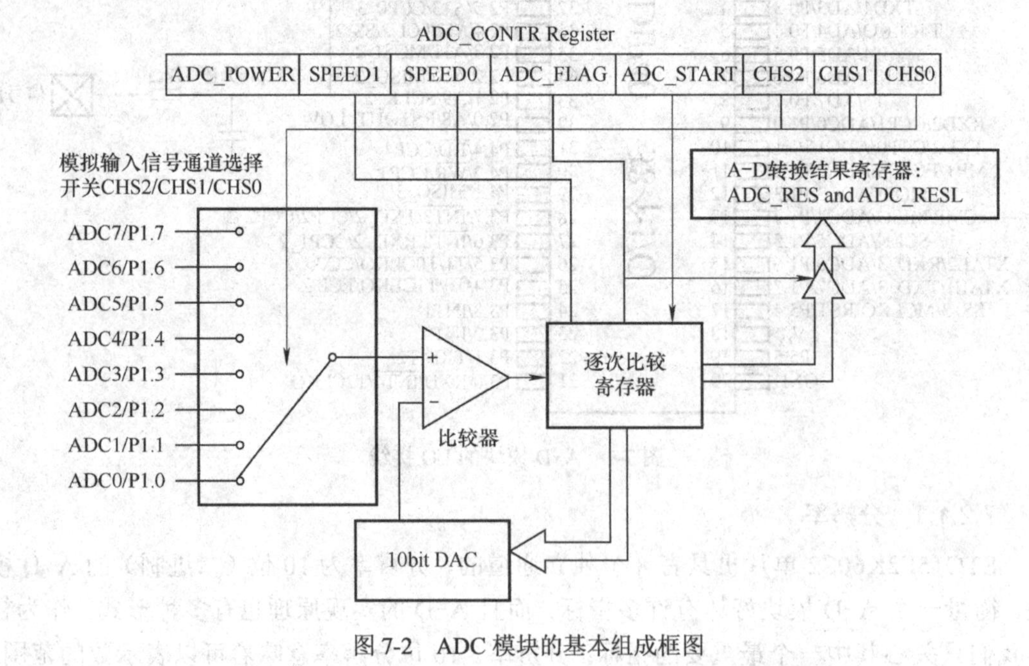

图 7-2 ADC 模块的基本组成框图

STC15 系列的 ADC 由多路选择开关、比较器、逐次比较寄存器、10 位 DAC、转换结果寄存器（ADC_RES 和 ADC_RESL）以及 ADC_CONTR 构成。STC15 系列单片机的 ADC 是逐次比较型的 ADC。

想一想

请读者认真阅读图 7-2，回答如下问题。

1. 从图 7-2 中，读者可以看到有多少路 ADC 通道？不同通道能否同时工作（注意开关闭合方式）？

____

____

____

____

2. 从图 7-2 中，读者可以看到哪几个相关寄存器？它们各自的功能是什么？其中最重要的寄存器是哪个？

____

____

____

____

____

与 ADC 相关的寄存器汇总见表 7-1。

表 7-1 与 ADC 相关的寄存器

寄存器符号	寄存器说明	地址	位地址及其符号 MSB							LSB
P1ASF	P1 口模拟功能配置寄存器	9DH	P17ASF	P16ASF	P15ASF	P14ASF	P13ASF	P12ASF	P11ASF	P10ASF
ADC_CONTR	ADC 控制寄存器	BCH	ADC_POWER	SPEED1	SPEED0	ADC_FLAG	ADC_START	CH2	CH1	CH0
ADC_RES	ADC 转换结果高字节	BDH	用来存放 A-D 转换结果，其中 8 位							
ADC_RESL	ADC 转换结果低字节	BEH	用来存放 A-D 转换结果，其中 2 位							
CLK_DIV	时钟分频寄存器	97H			ADRJ					
IE	中断使能寄存器	A8H	EA	ELVD	EADC	ES	ET1	EX1	ET0	EX0
IP	中断优先级寄存器	B8H	PPCA	PLVD	PADC	PS	PT1	PX1	PT0	PX0

1. P1ASF——P1 口模拟功能配置寄存器

STC15 系列单片机的 ADC 在 P1 口，有 8 路电压输入型 A-D，可作为温度检测、电池电压检测等。上电复位后，P1 是作为弱上拉型 I/O 口，用户必须通过软件配置才能将 P1 口的某个位设置为 A-D 转换口。这个寄存器就是 P1ASF，地址 9DH，只能写，读无效，不可位寻址。要让 P1 口哪个位作为 A-D 口，只需将对应的 P1ASF 位设为 1，见表 7-2。

表 7-2　P1 口各位的设置

P1ASF[7:0]	P1.x 的功能	其中 P1ASF 寄存器地址为：[9DH]（不能够进行位寻址）
P1ASF.0=1	P1.0 口作为模拟功能 A-D 使用	
P1ASF.1=1	P1.1 口作为模拟功能 A-D 使用	
P1ASF.2=1	P1.2 口作为模拟功能 A-D 使用	
P1ASF.3=1	P1.3 口作为模拟功能 A-D 使用	
P1ASF.4=1	P1.4 口作为模拟功能 A-D 使用	
P1ASF.5=1	P1.5 口作为模拟功能 A-D 使用	
P1ASF.6=1	P1.6 口作为模拟功能 A-D 使用	
P1ASF.7=1	P1.7 口作为模拟功能 A-D 使用	

请操作 P1ASF 寄存器，分别实现：

1）将 P1 口全部设为模拟功能 A-D 使用。

2）将 P1.4 作为模拟功能 A-D 使用，其他作为 I/O 口。

注意：P1ASF 不可位寻址。

2. ADC_CONTR——ADC 控制寄存器

SFR name	Address	bit	B7	B6	B5	B4	B3	B2	B1	B0
ADC_CONTR	BCH	name	ADC_POWER	SPEED1	SPEED0	ADC_FLAG	ADC_START	CHS2	CHS1	CHS0

特别说明：对 ADC_CONTR 寄存器的操作，根据数据手册描述，建议直接赋值操作，不要进行“与”和“或”语句。

➢ ADC_POWER：ADC 电源控制位。

0：关闭 ADC 电源。

1：打开 ADC 电源。

注意：初次打开内部 ADC 电源时，必须进行适当延时，等内部模拟电源稳定后，再启动 A-D 转换。作为初学，我们暂不考虑功耗等问题，如果设计需要使用 ADC，则可以将 ADC 电源一直打开。

➢ SPEED1 和 SPEED0：A-D 转换速度控制位，其取值与转换所用时间对应关系见表 7-3。

表 7-3　各位取值与转换所用时间关系

SPEED1	SPEED0	A-D 转换所需时间
1	1	90 个时钟周期转换一次
1	0	180 个时钟周期转换一次
0	1	360 个时钟周期转换一次
0	0	540 个时钟周期转换一次

➢ ADC_FLAG：A–D 转换结束标志位。

一旦 A–D 转换结束，硬件会自动将 ADC_FLAG 置 1，可供 CPU 查询或产生中断，但无论如何必须软件对其复位操作。也就是说，一旦检测到 ADC_FLAG 为 1，并进行适当处理后，必须人为将其复位，否则将一直认为 A–D 转换结束。一句话：硬件置位，软件复位！

➢ ADC_START：A–D 转换启动控制位。

手动设置为“1”时，开始启动 A–D 转换。一旦转换结束，ADC_START 自动变成“0”。一句话：软件置位启动，硬件复位结束！

➢ CHS2/CHS1/CHS0：模拟输入通道选择，其设置见表 7-4。

表 7-4 模拟输入通道选择

CHS2	CHS1	CHS0	Analog Channel Select（模拟输入通道选择）
0	0	0	选择 P1.0 作为 A–D 输入来用
0	0	1	选择 P1.1 作为 A–D 输入来用
0	1	0	选择 P1.2 作为 A–D 输入来用
0	1	1	选择 P1.3 作为 A–D 输入来用
1	0	0	选择 P1.4 作为 A–D 输入来用
1	0	1	选择 P1.5 作为 A–D 输入来用
1	1	0	选择 P1.6 作为 A–D 输入来用
1	1	1	选择 P1.7 作为 A–D 输入来用

特别注意：要选择哪个通道作为模拟输入，必须首先设置好 P1ASF 对应位为 1，表示该位作为模拟功能 A–D 使用，否则对应的 I/O 将只是普通的 I/O 口，无法作为模拟输入通道。

动一动

请读者设置 ADC_CONTR、P1ASF，实现如下功能：选择 P1.7 作为模拟输入通道，打开 ADC 电源（之后不再关闭），要求 ADC 以最快速度进行转换，清除 A–D 转换结束标志，同时启动 A–D 转换。

3. CLK_DIV

➢ ADRJ：A-D 转换结果调整方式控制位。.

Mnemonic	Add	Name	B7	B6	B5	B4	B3	B2	B1	B0	Reset Value
CLK_DIV (PCON2)	97H	时钟分频寄存器	MCKO_S1	MCKO_S0	ADRJ	Tx_Rx	Tx2_Rx2	CLKS2	CLKS1	CLKS0	0000,x000

寄存器 CLK_DIV，地址 97H，B5 位 ADRJ 为 A-D 转换结果调整方式控制位。如前所述，STC15 系列单片机的 ADC 是 10 位分辨率的，但对 8 位单片机而言，其寄存器大多是 8 位的，无法存储 10 位的结果，因此 STC 设置了两个寄存器来存储 A-D 转换结果：ADC_RES 和 ADC_RESL。

1）若 ADRJ=0，ADC_RES 存放高 8 位 ADC 结果，ADC_RESL 存放低 2 位 ADC 结果。ADRJ=0 为默认方式，我们也建议读者使用这方式。

2）若 ADRJ=1，ADC_RES 存放高 2 位 ADC 结果，ADC_RESL 存放低 8 位 ADC 结果。

假设定义了无符号整形变量 AD_Result，当 ADRJ 分别为 0 和 1 时，请将 A-D 转换结果存入到该变量中，要求给出表达式。

4. IE 寄存器——中断使能寄存器

SFR name	Address	bit	B7	B6	B5	B4	B3	B2	B1	B0
IE	A8H	name	EA	ELVD	EADC	ES	ET1	EX1	ET0	EX0

➢ EA：总中断控制位，为 1 时 CPU 开放中断，为 0 时 CPU 屏蔽所有中断申请。

➢ EADC：A-D 转换中断控制位，为 1 时允许 A-D 转换中断，为 0 时禁止 A-D 转换中断。

8051 单片机的中断系统实行“两级控制”。

5. IP 寄存器——中断优先级寄存器

SFR name	Address	bit	B7	B6	B5	B4	B3	B2	B1	B0
IP	B8H	name	PPCA	PLVD	PADC	PS	PT1	PX1	PT0	PX0

➢ PADC：A-D 转换中断优先级控制位，为 1 时 A-D 中断为高优先级，为 0 时 A-D 中断为低优先级。

1. 请读者给出 A-D 初始化函数，要求：使用 P1.4 作为模拟输入通道，最低转换速度，要求 ADC_RES 存放 A-D 转换的高 8 位结果，清除 A-D 转换结束标志，开放 A-D 转换中断并设为高优先级，最后启动 A-D 转换。

2. 我们知道，中断服务函数带有后缀“interrupt n”，其中 n 为不同数值代表不同的中功能，那么如果还设置了 ADC 中断，如何标识其中断服务函数，这时的 n 应该取什么数值？提示：阅读数据手册。

```
void    Int0_Routine(void)        interrupt 0;
void    Timer0_Rountine(void)     interrupt 1;
void    Int1_Routine(void)        interrupt 2;
void    Timer1_Rountine(void)     interrupt 3;
void    UART1_Routine(void)       interrupt 4;
void    ADC_Routine(void)         interrupt 5;
```

7.2.2 多位数码管显示

7.2.2.1 多位数码管的基本认识

单个数码管显示在第 5 章已有详细的介绍，这里不再赘述。在现实生活中，往往需要多个数码管同时显示一些信息的场合，即组成“多位”数码管。我们称每个数码管的公共端为“位选”，只有对应的“位选”信号有效，该数码管才可能被点亮。例如，对共阴极数码管而言，只有当公共端接地时，对应的数码管才可能工作；同理，对共阳极数码管，只有公共端接高电平时，对应的数码管才可能工作。在使能了“位选”信号后，数码管显示的内容则取决于相应数码管的“段码”信息了。所以，请读者务必非常清晰把握：位选与段码之间的联系与区别，并在空白处做适当的标记。

多个数码管组合在一起时，其显示方式主要有两种：静态显示和动态显示。静态显示每个数码管固定显示某个字符，除非人为修改，但为实现固定显示需要较多的硬件资源；使用动态显示，利用人眼的“视觉暂留”效应，每隔一小段时间，点亮一个数码管，并周而复始；动态显示需要较多的软件资源，而且若是处理不好，可能导致数码管闪烁等问题。

为节约I/O口，减少硬件成本，我们建议选用动态显示方式。假设以1ms点亮一个数码管为例，则4ms即实现了一个扫描周期——4个数码管各自点亮1ms时间，肉眼看起来好像4个数码管同时点亮。多位数码管与单片机的连接有多种实现方式，比如使用锁存器74HC573、使用串入并出带有锁存功能的74HC595等，还可以使用晶体管作为开关管进行位选，请有兴趣的读者查阅相关资料，了解具体实现方法。这里我们只介绍一种简单的驱动方法，即使用晶体管作为开关进行驱动的方式，具体电路如图7-3所示。

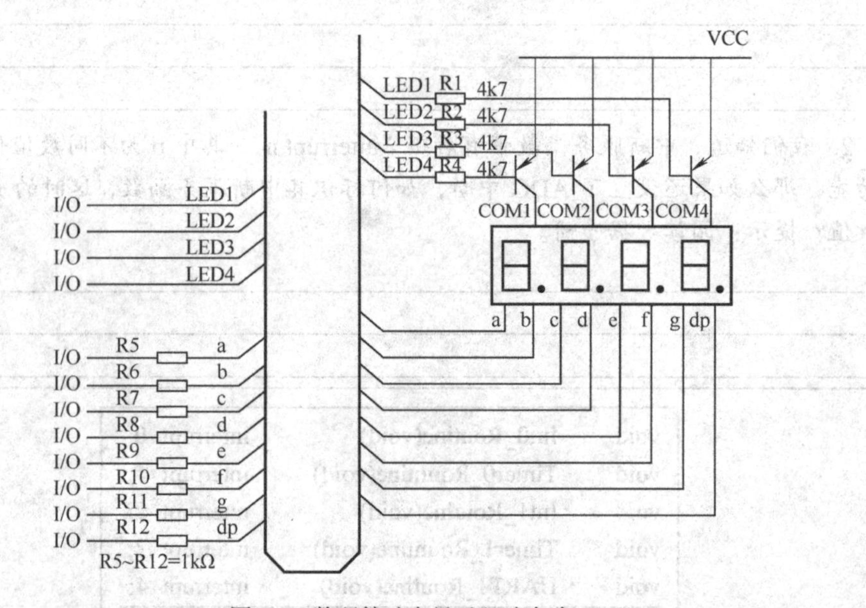

图7-3　数码管动态显示驱动电路

由图7-3可见，这是一个四位的数码管，是共阳极的，使用四个PNP型晶体管作为位选控制开关，采用动态刷新方式。假如我们要点亮最左边的数码管，则COM1必须有效，即控制LED4的晶体管必须导通，再往8个段送入相应的段码值，LED4就显示期望的数码了。

7.2.2.2　数码管驱动程序

我们以图7-3为例，介绍数码管动态显示的编程实现。

读者首先必须明白一点：要点亮哪个数码管必须使能相应的位选信号（COM1～COM4），并向dp～a写入相应的段码值。比如某个时刻要点亮数码管LED1，则必须将P1.4写入0（选中LED1），P1.5～P1.7写入1（禁止LED2～LED4）。建议读者定义一个数组，将待显示的数码对应的段码按照次序作为数组元素。还有一点必须说明：动态显示的数码管刷新周期不是任意选择的，如果周期太长，将导致明显的闪烁感。参考驱动程序如图 7-4 所示。

```
/*----------------------------
4位共阳数码管，动态显示
1ms调用1次
使用全局变量led1-led4
-----------------------------*/
sbit LED1=P1^4; //定义LED1的位选控制信号
sbit LED2=P1^5; //定义LED2的位选控制信号
sbit LED3=P1^6; //定义LED3的位选控制信号
sbit LED4=P1^7; //定义LED4的位选控制信号
unsigned char led1=0xff,led2=0xff,led3=0xff,led4=0xff;//定义4个全局变量，对应4个数码管的段码值

void    Seg_Display(void)
{
    static  unsigned char Seg_Num=0;//定义数码管显示次序
    LED1=1;LED2=1;LED3=1;LED4=1;     //消影操作：全部熄灭
    Seg_Num++;              //修改待显示数码管序号
    switch(Seg_Num)         //判断点亮哪个数码管
    {
        case   1:           //点亮第一个数码管
        P2=led1;            //写入段码
        LED1=0;             //使能位选
        break;
        case   2:           //点亮第一个数码管
        P2=led2;            //写入段码
        LED2=0;             //使能位选
        break;
        case   3:           //点亮第一个数码管
        P2=led3;            //写入段码
        LED3=0;             //使能位选
        break;
        case    4:          //点亮第一个数码管
        P2=led4;            //写入段码
        LED4=0;             //使能位选
        Seg_Num=0;          //复位，一个周期结束
        break;
        default:            //其他情况，错误
        Seg_Num=0;
        break;
    }
}
```

图 7-4　数码管动态显示函数

有几点需要特别说明的是：

➢ 数码管动态显示时，一般要进行“消影”操作，避免看起来有“余影”的感觉。具体处理的办法，就是切换时，先关闭所有数码管的显示，待更新好段码后，再开放对应数码管的位选。你能找出相应的语句吗？

➢ 请读者特别注意关键字“static”的应用，如有疑问，请查阅上一章内容或查询网络资源。

➢ 请读者分别每隔 1ms、10ms、50ms 和 500ms 调用一次数码管显示函数，并观察显示效果。你能总结出数码管动态显示在时间上需要注意的地方吗？

7.3 任务实施

7.3.1 硬件电路设计

前面我们详细介绍了 A-D 模块、多位数码管显示模块。请读者总结一下，在下面的

矩形框中画出本章设计任务的电路原理图，要求：使用 P1.4～P1.7 分别控制 LED1～LED4，其中 LED4 在最左边；使用 P2 口控制数码管的 8 个段；使用 P1.0 作为 A-D 口（外接一个 10kΩ 的电位器）。

7.3.2 模块化编程

经过前面几章的学习，相信读者已经体验到模块化编程的好处。我们可以将一个完整的任务，分解成相对独立的功能模块，分别调试实现，并由主函数统筹调配，从而实现整个设计任务。通过本章前面内容的分析，本设计任务可划分成如下几个模块：定时器模块、A-D 模块、数码管显示模块、数值处理模块、主函数，见表 7-5。

表 7-5 任务模块划分

序号	模块名	模块功能	备注
1	定时器模块	产生提供数码管动态扫描的时间基准，如 1ms	
2	A-D 模块	根据控制要求，合理配置 ADC 相关寄存器，实现初始化，并实现 A-D 转换	
3	数码管显示模块	编写数码管动态显示函数	模块 3 和模块 4 之间有关联，需定义相关变量
4	数值处理模块	将从 ADC 得到的数字量，反推得到相应的电压值提供给数码管显示	
5	主函数	系统初始化，调用相关函数	

完整的源代码如下，请读者认真分析，并下载调试及验证。

```
001 /*******************************************************************************
002 *本设计为简易数字电压表的实现。使用到的资源：ADC、T0、P1口、P2口、中断系统等
003 *其中ADC使用通道4，不使能中断
004 *P1口的P1.4-P1.7作为4位数码管的位选信号，P2口为数码管段码
005 *由于数码管需要动态显示，使用T0产生1ms时间基准
006 *开放T1中断
007 *模块：ADC模块，T0模块，数码管模块，主函数。
008 *定义的全局变量：
009 Flag_1ms——1ms时间标志
010 ==特别声明==实现的方法很多，这里给出的只是的其中一种
011 *******************************************************************************/
012
013 #include <reg51.h>
014 #include "intrins.h"//包含本头文件后，可以使用空操作：_nop_()
015
016 //==========================ADC模块：查询方式==================================
017
018 sfr ADC_CONTR   =   0xBC;           //ADC控制寄存器
019 sfr ADC_RES     =   0xBD;           //ADC高8位结果
020 sfr ADC_RESL    =   0xBE;           //ADC低2位结果
021 sfr P1ASF       =   0x9D;           //P1口第2功能控制寄存器
022
023 #define ADC_POWER   0x80            //ADC电源控制位
024 #define ADC_FLAG    0x10            //ADC完成标志
025 #define ADC_START   0x08            //ADC起始控制位
026 #define ADC_SPEEDLL 0x00            //540个时钟
027 #define ADC_SPEEDL  0x20            //360个时钟
028 #define ADC_SPEEDH  0x40            //180个时钟
029 #define ADC_SPEEDHH 0x60            //90个时钟
030
031 /*----------------------------
032 初始化ADC
033 ----------------------------*/
034 void Delay(unsigned int n)          //软件延时
035 {
036     unsigned int x;
037
038     while (n--)
039     {
040         x = 5000;
041         while (x--);
042     }
043 }
044
045 void ADC_Init()
046 {
047     P1ASF = 0xfe;                       //设置P1.0口为A-D口
048     ADC_RES = 0;                        //清除结果寄存器
049     ADC_CONTR = ADC_POWER | ADC_SPEEDLL;//开启电源，并设置为低速
050     Delay(2);                           //ADC上电并延时——等待模拟电源稳定
051 }
052
053 /*----------------------------
054 读取ADC结果
055 ----------------------------*/
056 unsigned int GetADCResult(unsigned char ch)
057 {
058     unsigned int AD_Result=0;           //定义AD转换结果变量，并初始化为0
059     ADC_CONTR = ADC_POWER | ADC_SPEEDLL | ch | ADC_START;
060     _nop_();                            //等待4个NOP
061     _nop_();
062     _nop_();
063     _nop_();
064     while (!(ADC_CONTR & ADC_FLAG));    //等待ADC转换完成
065     ADC_CONTR &= ~ADC_FLAG;             //复位A-D转换结束标志：ADC_FLAG
066
067     //处理转换结果
068     AD_Result=ADC_RES;
069     AD_Result=AD_Result<<2;             //左移2位
070     AD_Result+=ADC_RESL;
071
072     return AD_Result;                   //返回ADC结果
```

```
073 }
074
075 //==========================数码管模块====================================
076 /*----------------------------
077 4位共阳数码管，动态显示
078 1ms调用1次
079 使用全局变量led1-led4
080 ----------------------------*/
081 sbit LED1=P1^4;                                        //定义LED1的位选控制信号
082 sbit LED2=P1^5;                                        //定义LED2的位选控制信号
083 sbit LED3=P1^6;                                        //定义LED3的位选控制信号
084 sbit LED4=P1^7;                                        //定义LED4的位选控制信号
085 unsigned char led1=0xff,led2=0xff,led3=0xff,led4=0xff;//定义4个全局变量，对应4个数码管的段码值
086
087 void    Seg_Display(void)
088 {
089     static  unsigned char Seg_Num=0;                   //定义数码管显示次序
090     LED1=1;LED2=1;LED3=1;LED4=1;                       //消影操作：全部熄灭
091     Seg_Num++;                                         //修改待显示数码管序号
092     switch(Seg_Num)                                    //判断点亮哪个数码管
093     {
094         case    1:                                     //点亮第一个数码管
095         P2=led1;                                       //写入段码
096         LED1=0;                                        //使能位选
097         break;
098         case    2:                                     //点亮第一个数码管
099         P2=led2;                                       //写入段码
100         LED2=0;                                        //使能位选
101         break;
102         case    3:                                     //点亮第一个数码管
103         P2=led3;                                       //写入段码
104         LED3=0;                                        //使能位选
105         break;
106         case    4:                                     //点亮第一个数码管
107         P2=led4;                                       //写入段码
108         LED4=0;                                        //使能位选
109         Seg_Num=0;                                     //复位，一个周期结束
110         break;
111         default:                                       //其他情况，错误
112         Seg_Num=0;
113         break;
114     }
115 }
118 //============================数值处理=====================================
119 /*------------------------------
120 将待显示的数字量赋值给
121 全局变量led1-led4
122 格式x.xx，因此led4固定为0xff（不显示）
123 ------------------------------*/
124 void    Num_Handle(void)
125 {
126     unsigned int AD_Val;
127
128     AD_Val=GetADCResult(0); //获取AD转换后的数值
129
130     AD_Val=5.0*AD_Val/10.24; //获取数字量对应的电压值-放大100倍
131
132     led1=AD_Val/100;            //显示最高位
133     led2=AD_Val%100/10;
134     led3=AD_Val%10;
135     led2=led2&0x7f;             //显示小数点
136     led4=0xff;                  //固定不显示
137 }
138
139 //===========================定时器模块======================================
140 bit Flag_1ms=0;                 //位变量，并初始化为0
141
142 void T0_Init(void)
143 {
144     EA=0;                       //关总中断
145     TMOD=0x00;                  //模式设置，T0，模式0：16位，自动重装【注意与传统8051的区别】
146     TH0=(65535-1000)/256;       //计数初值设定，关键词：增计数，加到65535再加1溢出，产生中断
147     TL0=(65535-1000)%256;       //
148     TF0=0;                      //清T0溢出标志，避免由于干扰等原因导致一运行就触发中断
149     ET0=1;                      //开T0中断
150     TR0=1;                      //启动T0
151     EA=1;//开"总"中断
152 }
```

```
153
154
155 void Time0_ISR(void)     interrupt   1
156 {
157     Flag_1ms=1;              //1ms计到标志
158 }
159
161 //============================主函数=======================================
162 void main(void)
163 {
164     T0_Init();               //T0初始化
165     ADC_Init();              //AD模块初始化
166     while(1)                 //超级循环
167     {
168         if(Flag_1ms)         //1ms时间到
169         {
170             Flag_1ms=0;      //复位1ms时间到标志
171             Num_Handle();    //读取AD并转换为数码管可显示的数
172             Seg_Display();   //数码管刷新
173         }
174     }
175 }
```

7.4 巩固练习

1．什么是ADC、DAC、分辨率？

2．请总结STC15系列ADC模块相关寄存器。

3．什么是数码管的“位选”和“段选”？什么是数码管的“动态显示”和“静态显示”，两者有何优缺点？

4．前文提到，可以使用锁存器 74HC573、串入并出 HC595、晶体管等实现数码管的驱动，请读者查阅资料，分别使用 74HC573、74HC595 画出 4 位共阳极数码管的驱动电路。

5．设计实现循环显示“00.00～99.99”秒表功能。

附录 A　逻辑代数基础

1）在数字设备中进行算术运算的基本知识——数制和编码。

2）数字电路中一些常用逻辑运算及其图形符号。

A.1　数制与编码

数制是人们利用符号进行计数的科学方法。数制有很多种，常用的数制有：二进制、十进制和十六进制。

进位计数制是把数划分为不同的位数，逐位累加，累加到数码的最大值之后，再从零开始，同时向高位进位。进位计数制有三个要素：数码符号、进位规律和计数基数。表 A-1 是各常用数制的对比。

表 A-1　常用数制的对比

常用的数制	表示符号	数码符号	进制规律	计数基数
二进制	B	0、1	逢二进一	2
十进制	D	0、1、2、3、4、5、6、7、8、9	逢十进一	10
十六进制	H	0、1、2、3、4、5、6、7、8、9、A、B、C、D、E、F	逢十六进一	16

我们日常生活中计数一般采用十进制。计算机中采用的是二进制，因为二进制具有运算简单，易实现且可靠，为逻辑设计提供了有利的途径、节省设备等优点。为区别于其他进制数，二进制数的书写通常在数的右下方注上基数 2，或加后面加 B 表示。二进制数中每一位仅有 0 和 1 两个可能的数码，所以计数基数为 2。二进制数的加法和乘法运算如下：

$$0+0=0$$

$$0+1=1+0=1$$

$$1+1=10$$

$$0\times0=0$$

$$0\times1=1\times0=0$$

$$1\times1=1$$

由于二进制数在使用中位数太长，不容易记忆，为了便于描述，又常用十六进制作为二进制的缩写。十六进制通常在表示时用尾部标志 H 或下标 16 以示区别。可以说，十六进制纯粹是为了方便表示二进制，计算机本身只能识别与使用二进制。

A.1.1 数制转换

现在我们来介绍这些常用数制之间的转换。注意：这里我们只介绍整数部分的转换，小数部分请读者查阅相关资料。

1．二进制-十进制转换

方法：将二进制数按权（如下式）展开，然后将各项的数值按十进制数相加，就得到相应的等值十进制数。

例如：N=1101B，那么 N 所对应的十进制数是多少呢？

按权展开 $N=1\times2^3+1\times2^2+0\times2^1+1\times2^0=8+4+0+1=13$

2．十进制-二进制转换

方法：整数部分转换（基数除法），除 2 取余，逆序排列。

除 2 取余法则：用 2 连续去除要转换的十进制数，直到商小于 2 为止，然后把各次余数按最后得到的为最高位和最先得到的为最低位，依次排列起来得到的数便是所求的二进制数。

例如：将（6）D 转化为二进制数可按表 A-2 进行。

表 A-2　十进制转换二进制过程

被除数	计算过程	商	余数
6	6/2	3	0（最低位）
3	3/2	1	1
1	1/2	0	1（最高位）

于是（6）D=110B。

3．二进制-十六进制转换

方法：二进制和十六进制之间满足 24 的关系，因此把要转换的二进制从低位到高位每 4 位一组，高位不足时在有效位前面添“0”，然后把每组二进制数转换成十六进制即可。

例如，将(010111011110)B 转换为十六进制数

(0101　1101　1110)B

　↓　　↓　　↓

=(　5　　D　　E)H

于是(010111011110)B=(5DE)H。

4．十六进制-二进制转换

方法：十六进制转换为二进制时，把上面二进制转换十六进制的过程逆过来，即转换时只需将十六进制的每一位用等值的 4 位二进制代替就行了。

例如：将(C1B)H 转换为二进制数

(C　　1　　B)H

↓　　↓　　↓

=(1100　　0001　　1011)B

于是(C1B)H=(110000011011)B。

5．十六进制-十进制转换

方法：将十六进制数按权（如下式）展开，然后将各项的数值按十进制数相加，就得到相应的等值十进制数。

例如：N=(2A)H，那么 N 所对应的十进制数时多少呢？

按权展开 $N=2\times16^{1}+10\times16^{0}=32+10=42$

于是(2A)H =(42)D。

6．十进制-十六进制转换

方法：整数部分除 16 取余，逆序排列。类似于十进制转换为二进制，这里不再详细讲解。

例如：(1234)D=(4D2)H，转换过程见表 A-3。

表 A-3　十进制转换十六进制过程

被除数	计算过程	商	余数
1234	1234/16	77	2（最低位）
77	77/16	4	13 （D）
4	4/16	0	4（最高位）

A.1.2　不同进制之间的对照关系表

不同进制之间的对照关系见表 A-4。

表 A-4　不同进制之间的对照关系

十进制数	十六进制数	二进制数	十进制数	十六进制数	二进制数
0	0	0000	8	8	1000
1	1	0001	9	9	1001
2	2	0010	10	A	1010
3	3	0011	11	B	1011
4	4	0100	12	C	1100
5	5	0101	13	D	1101
6	6	0110	14	E	1110
7	7	0111	15	F	1111

A.1.3　原码、反码及补码

在生活中，数有正负之分，在计算机中是怎样表示数的正负呢？

在生活中表示数的时候一般都是把正数前面加一个"+"，负数前面加一个"-"，但是计算机是不认识这些符号的，通常在二进制数的最高位为符号位。符号位为"0"表示"+"，符号位为"1"表示"-"。这种形式的二进制数称为原码。如果原码为正数，则原码的反码和补码都与原码相同。如果原码为负数，则将原码（除符号位外）按位取反，所得的新二进制数称为原码的反码，反码加 1 为其补码。

原码、反码、补码的形式见表 A-5。

表 A-5　原码、反码、补码的形式

	真值	原码	反码	补码
正数	+N	0N	0N	0N
负数	-N	1N	（2n-1）+N	2n+N

例：求+18 和-18 八位原码、反码和补码。

真值	原码	反码	补码
+18	00010010	00010010	00010010
-18	10010010	11101101	11101110

A.1.4　常用编码

指定某一组二进制数去代表某一指定的信息，就称为编码。

1. 十进制编码

用二进制码表示的十进制数，称为十进制编码。它具有二进制的形式，还具有十进制的特点。它可作为人们与数字系统进行联系的一种中间表示。十进制编码有很多种，最常用的一种是 BCD 码，又称为 8421 码。

下面我们列出几种常见的十进制编码，见表 A-6。

表 A-6　几种常见的十进制编码

编码种类 / 十进制数	8421 码（BCD 码）	余 3 码	2421 码	5211 码	7321 码
0	0000	0011	0000	0000	0000
1	0001	0100	0001	0001	0001
2	0010	0101	0010	0100	0010
3	0011	0110	0011	0101	0011
4	0100	0111	0100	0111	0101
5	0101	1000	1011	1000	0110
6	0110	1001	1100	1001	0111
7	0111	1010	1101	1100	1000
8	1000	1011	1110	1101	1001
9	1001	1100	1111	1111	1010
权	8421		2421	5211	7321

十进制编码分为有权编码和无权编码。有权编码是指每一位十进制数符均用一组四位二进制码来表示，而且二进制码的每一位都有固定权值。无权编码是指二进制码中每一位都没有固定的权值。表 A-6 中 8421 码（即 BCD 码）、2421 码、5211 码、7321 码都是有权编码，而余 3 码是无权编码。

2．奇偶校验码

在数据的存取、运算和传送过程中，难免会发生错误，把“1”错成“0”或把“0”错成“1”。奇偶校验码是一种能检验这种错误的代码。它分为两部分；信息位和奇偶校验位。有奇数个“1”称为奇校验，有偶数个“1”则称为偶校验。

3．ACSII 码

微型计算机不仅要处理数字信息，而且还要处理大量字母和符号的信息。人们这时需要对这些数字、字母和符号进行二进制编码。这些数字、字母和字符统称为字符，因此对字母和符号的二进制编码又称为字符的编码。

ASCII 码是美国标准信息交换代码（American Standard Code for Information Interchange）的缩写，见表 A-7。ASCII 码用 7 位二进制数表示数字、字母和符号，共 128 个。包括英文 26 个大写字母、26 个小写字母、0～9 十个数字，还有一些专用符号（如“：”“！”“%”）及控制符号（如换行、换页、回车）。

表 A-7 ASCII 字符表

H / L	000	001	010	011	100	101	110	111
0000	NUL	DLE	SP	0	@	P	`	p
0001	SOH	DC1	!	1	A	Q	a	q
0010	STX	DC2	"	2	B	R	b	r
0011	ETX	DC3	#	3	C	S	c	s
0100	EOT	DC4	$	4	D	T	d	t
0101	ENG	NAK	%	5	E	U	e	u
0110	ACK	SYN	&	6	F	V	f	v
0111	BEL	ETB	'	7	G	W	g	w
1000	BS	CAN	(	8	H	X	h	x
1001	HT	EM	)	9	I	Y	i	y
1010	LF	SUB	*	:	J	Z	j	z
1011	VT	ESC	+	;	K	[	k	{
1100	FF	FS	,	<	L	\	l	|
1101	CR	GS	−	=	M	]	m	}
1110	SO	RS	.	>	N	↑	n	~
1111	SI	US	/	?	O	←	o	DEL

注：H 表示高 3 位，L 表示低 4 位。

查表方法：首先从表中查出字符，从该字符向上查得十六进制数的高 4 位，水平向左查得其低 4 位，合起来就得到该字符的 ACSII 码。

例：3 的 ACSⅡ码为 011　0011B。

作用：在字长 8 位的微型计算机中，用低 7 位表示 ASCII 码，最高位 D7 位可用作奇偶校验位。

A.2 几种常用的逻辑运算及其图形符号

逻辑代数中常用的运算有：与（AND）、或（OR）、非（NOT）、与非（NAND）、或非（NOR）、与或非（AND-NOR）、异或（EXCLUSIVE OR）、同或（EXCLUSIVE NOR）等。其中与（AND）、或（OR）、非（NOT）运算是三种最基本的运算。

A.2.1 与运算及与门

与运算：决定事件结果的全部条件同时具备时，事件才发生。

逻辑变量 A 和 B 进行与运算时可写成：Y=A·B。该电路输入与输出之间的逻辑关系可用真值表表示，如图 A-1a 所示。其记忆口诀为：有 0 出 0，全 1 才 1。

与门：与门图形符号如图 A-1b 所示。

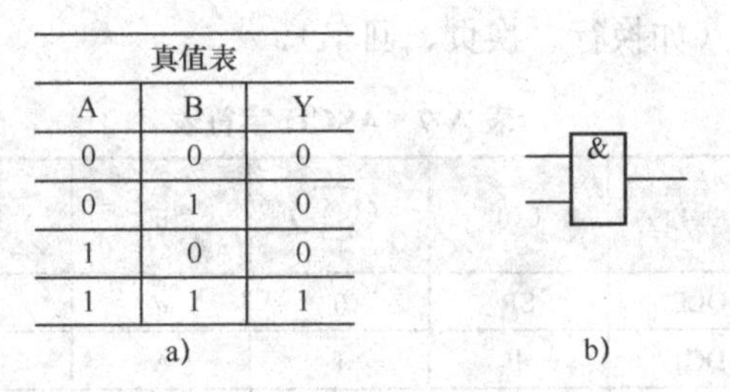

真值表

A	B	Y
0	0	0
0	1	0
1	0	0
1	1	1

图 A-1　与运算真值表和图形符号

a）真值表　b）图形符号

A.2.2 或运算及或门

或运算：决定事件结果的各条件中只要有任何一个满足，事件就会发生。

逻辑变量 A 和 B 进行或运算时可写成：Y=A+B。该电路输入与输出之间的逻辑关系可用真值表表示，如图 A-2a 所示。其记忆口诀为：有 1 出 1，全 0 才 0。

或门：或门图形符号如图 A-2b 所示。

真值表

A	B	Y
0	0	0
0	1	1
1	0	1
1	1	1

a)　　　　≥1　　b)

图 A-2　或运算真值表和图形符号

a）真值表　b）图形符号

A.2.3 非运算及非门

非运算：条件具备时，事件不会发生；条件不具备时，事件才会发生。

逻辑变量 A 进行非运算时可写成：$Y=\bar{A}$。该电路输入与输出之间的逻辑关系可用真值表表示，如图 A-3a 所示。

非门：非门图形符号如图 A-3b 所示。

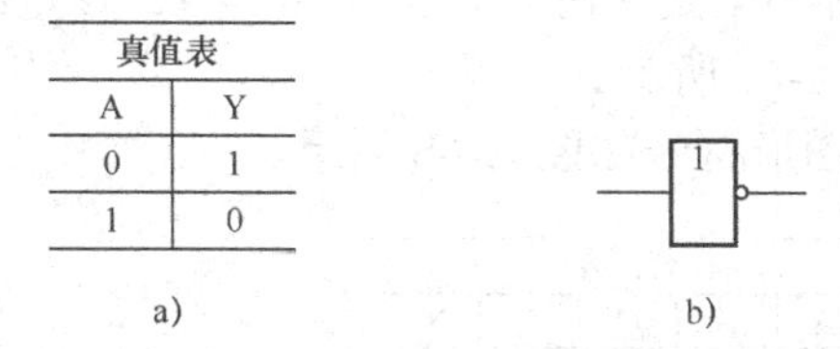

真值表	
A	Y
0	1
1	0

a) b)

图 A-3 非运算真值表和图形符号

a）真值表 b）图形符号

A.2.4 与非运算及与非门

与非运算：先进行与运算，然后将结果求反，最后得到的即为与非运算结果。

逻辑变量 A 和 B 进行与非运算时可写成：$Y=\overline{(A \cdot B)}$。该电路输入与输出之间的逻辑关系可用真值表表示，如图 A-4a 所示。其记忆口诀为：有 0 出 1，全 1 才 0。

与非门：与非门图形符号如图 A-4b 所示。

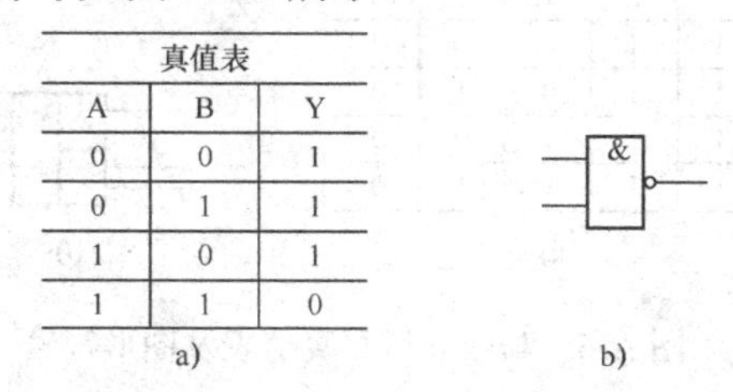

真值表		
A	B	Y
0	0	1
0	1	1
1	0	1
1	1	0

a) b)

图 A-4 与非运算真值表及图形符号

a）真值表 b）图形符号

A.2.5 或非运算及或非门

或非运算：先进行或运算，然后将结果求反，最后得到的即为或非运算结果。

逻辑变量 A 和 B 进行或非运算时可写成：$Y=\overline{(A+B)}$。该电路输入与输出之间的逻辑关系可用真值表表示，如图 A-5a 所示。其记忆口诀为：有 1 出 0，全 0 才 1。

或非门：或非门图形符号如图 A-5b 所示。

真值表		
A	B	Y
0	0	1
0	1	0
1	0	0
1	1	0

≥1

a) b)

图 A-5 或非运算真值表及图形符号

a）真值表 b）图形符号

A.2.6 与或非运算及与或非门

与或非运算：在与或非逻辑运算中有 4 个逻辑变量 A、B、C、D。逻辑变量 A 和 B 进行或非运算时可写成：$Y=\overline{(A\cdot B+C\cdot D)}$。假设 A 和 B 为一组，C 和 D 为一组，A、B 之间以及 C、D 之间都是与逻辑关系，只要 A、B 或 C、D 任何一组同时为 1，输出 Y 就是 0。只有当每一组输入都不全是 1 时，输出 Y 才是 1。该电路输入与输出之间的逻辑关系可用真值表表示，如图 A-6a 所示。

与或非门：与或非门图形符号如图 A-6b 所示。

真值表

A	B	C	D	Y
0	0	0	0	1
0	0	0	1	1
0	0	1	0	1
0	0	1	1	0
0	1	0	0	1
0	1	0	1	1
0	1	1	0	1
0	1	1	1	0
1	0	0	0	1
1	0	0	1	1
1	0	1	0	1
1	0	1	1	0
1	1	0	0	0
1	1	0	1	0
1	1	1	0	0
1	1	1	1	0

a)　　b)

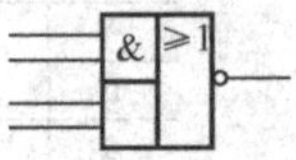

图 A-6　与或非运算真值表及图形符号

a）真值表　b）图形符号

A.2.7 异或运算及异或门

异或运算：当 A、B 不同时，输出 Y 为 1；而当 A、B 相同时，输出 Y 为 0。

逻辑变量 A 和 B 进行异或运算时可写成：$Y=A+B=(A\cdot\overline{B})+(\overline{A}\cdot B)$。该电路输入与输出之间的逻辑关系可用真值表表示，如图 A-7a 所示。其记忆口诀为：相同出 0，相异出 1。

异或门：异或门图形符号如图 A-7b 所示。

真值表

A	B	Y
0	0	0
0	1	1
1	0	1
1	1	0

a)　　b)

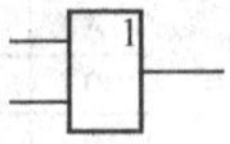

图 A-7　异或运算真值表及图形符号

a）真值表　b）图形符号

A.2.8 同或运算及同或门

同或运算：当 A、B 不同时，输出 Y 为 0；而当 A、B 相同时，输出 Y 为 1。

逻辑变量 A 和 B 进行同或运算时可写成：$Y=A\odot B=(A\cdot B)+(\bar{A}\cdot\bar{B})$。该电路输入与输出之间的逻辑关系可用真值表表示，如图 A-8a 所示。其记忆口诀为：相同出 1，相异出 0。

同或门：同或门图形符号如图 A-8b 所示。

真值表

A	B	Y
0	0	1
0	1	0
1	0	0
1	1	1

a)

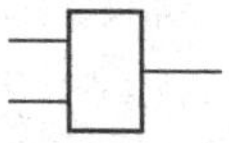

b)

图 A-8 同或运算真值表及图形符号

a）真值表 b）图形符号

附录B C51基础知识

B.1 C51中的关键字

关键字	用途	说明
auto	存储种类说明	用以说明局部变量，默认值为此，声明变量的生存期为自动，即将不在任何类、结构、枚举、联合和函数中定义的变量视为全局变量，而在函数中定义的变量视为局部变量。这个关键字一般不多写，因为所有的变量默认就是auto的
break	程序语句	退出最内层循环
case	程序语句	Switch语句中的选择项
char	数据类型说明	单字节整型数据或字符型数据
const	存储类型说明	在程序执行过程中不可更改的常量值。被const修饰的东西都受到强制保护，可以预防意外的变动，能提高程序的健壮性 1）修饰函数参数（非内部类型），即const引用传递 2）修饰返回值（返回值为指针类型），只能赋给相同类型的变量 3）修饰变量 4）修饰指针变量
continue	程序语句	转向下一次循环，继续。一般放到循环语句里，不再执行它下面的语句，直接跳到判断语句。例：for语句，就直接跳到第二个分号处，while语句,就直接跳到while（）的括号里
default	程序语句	Switch语句中的失败选择项
do	程序语句	构成do...while循环结构
double	数据类型说明	双精度浮点数
else	程序语句	构成if...else选择结构
enum	数据类型说明	枚举
extern	存储种类说明	在其他程序模块中已经加以说明的全局变量。声明并引用此变量为外部变量，其存在于工程中的某个文件中
float	数据类型说明	单精度浮点数
for	程序语句	构成for循环结构
goto	程序语句	构成goto转移结构
if	程序语句	构成if...else选择结构
int	数据类型说明	基本整型数据
long	数据类型说明	长整型数据
register	存储种类说明	使用CPU内部寄存的变量
return	程序语句	子程序返回语句（可以带参数，也可不带参数）循环条件
short	数据类型说明	短整型数据

（续）

关键字	用　途	说　　明
signed	数据类型说明	有符号数据，二进制数据的最高位为符号位
sizeof	运算符	计算表达式或数据类型的字节数
static	存储种类说明	静态变量 1）作用域为本文件，在其他文件中不可见 2）未初始化的静态全局变量会自动初始化，会被程序自动初始化为0 3）静态全局变量在“全局数据区”分配内存 定义静态局部变量 1）作用域为本文件中的函数，只初始化一次，在此函数多次调用时每次的值保持到下一次调用，直到下次赋新值 2）静态局部变量一般在声明处初始化，如果没有显式初始化，会被程序自动初始化为0 3）静态局部变量在“全局数据区”分配内存
struct	数据类型说明	结构类型数据
swicth	程序语句	构成switch选择结构
typedef	数据类型说明	重新进行数据类型定义
union	数据类型说明	联合类型数据
unsigned	数据类型说明	无符号数数据
void	数据类型说明	无类型数据
volatile	数据类型说明	说明变量在程序执行中可被隐含地改变,表明某个变量的值可能在外部被改变，优化器在用到这个变量时必须每次都小心地重新读取这个变量的值，而不是使用保存在寄存器里的备份
while	程序语句	构成while和do…while循环结构

B.2 C51编译器的扩展关键字

关 键 字	用　途	说　　明
bit	位标量声明	声明一个位标量或位类型的函数
sbit	位标量声明	声明一个可位寻址变量
sfr	特殊功能寄存器声明	声明一个特殊功能寄存器
sfr16	特殊功能寄存器声明	声明一个16位的特殊功能寄存器
data	存储器类型说明	直接寻址的内部数据存储器
bdata	存储器类型说明	可位寻址的内部数据存储器
idata	存储器类型说明	间接寻址的内部数据存储器
pdata	存储器类型说明	分页寻址的外部数据存储器
xdata	存储器类型说明	外部数据存储器
code	存储器类型说明	程序存储器

（续）

关键字	用途	说明
interrupt	中断函数说明	定义一个中断函数
reentrant	再入函数说明	定义一个再入函数
using	寄存器组定义	定义芯片的工作寄存器

B.3 常用运算符的范例与说明

<table>
<tr><th colspan="2">运算符</th><th>范例</th><th>说明</th></tr>
<tr><td rowspan="13">算术运算</td><td>+</td><td>a+b</td><td>a 变量值和 b 变量值相加</td></tr>
<tr><td>-</td><td>a-b</td><td>a 变量值和 b 变量值相减</td></tr>
<tr><td>*</td><td>a*b</td><td>a 变量值乘以 b 变量值</td></tr>
<tr><td>/</td><td>a/b</td><td>a 变量值除以 b 变量值</td></tr>
<tr><td>%</td><td>a%b</td><td>取 a 变量值除以 b 变量值的余数</td></tr>
<tr><td>=</td><td>a=5</td><td>a 变量赋值，即 a 变量值等于 5</td></tr>
<tr><td>+=</td><td>a+=b</td><td>等同于 a=a+b，将 a 和 b 相加的结果存回 a</td></tr>
<tr><td>-=</td><td>a-=b</td><td>等同于 a=a-b，将 a 和 b 相减的结果存回 a</td></tr>
<tr><td>*=</td><td>a*=b</td><td>等同于 a=a*b，将 a 和 b 相乘的结果存回 a</td></tr>
<tr><td>/=</td><td>a/=b</td><td>等同于 a=a/b，将 a 和 b 相除的结果存回 a</td></tr>
<tr><td>%=</td><td>a%=b</td><td>等同于 a=a%b，将 a 和 b 相除的余数存回 a</td></tr>
<tr><td>++</td><td>a++</td><td>a 的值加 1，等同于 a=a+1</td></tr>
<tr><td>--</td><td>a--</td><td>a 的值减 1，等同于 a=a-1</td></tr>
<tr><td rowspan="6">关系运算</td><td>></td><td>a>b</td><td>测试 a 是否大于 b</td></tr>
<tr><td><</td><td>a<b</td><td>测试 a 是否小于 b</td></tr>
<tr><td>= =</td><td>a= =b</td><td>测试 a 是否等于 b</td></tr>
<tr><td>>=</td><td>a>=b</td><td>测试 a 是否大于或等于 b</td></tr>
<tr><td><=</td><td>a<=b</td><td>测试 a 是否小于或等于 b</td></tr>
<tr><td>!=</td><td>a!=b</td><td>测试 a 是否不等于 b</td></tr>
<tr><td rowspan="3">逻辑运算</td><td>&&</td><td>a&&b</td><td>a 和 b 作逻辑与（AND），2 个变量都为真时结果才为真</td></tr>
<tr><td>||</td><td>a||b</td><td>a 和 b 作逻辑或（OR），只要有 1 个变量为真，结果就为真</td></tr>
<tr><td>!</td><td>!a</td><td>将 a 变量的值取反，即原来为真则变为假，原为假则为真</td></tr>
<tr><td rowspan="7">位操作运算</td><td>>></td><td>a>>b</td><td>将 a 按位右移 b 个位，高位补 0</td></tr>
<tr><td><<</td><td>a<<b</td><td>将 a 按位左移 b 个位，低位补 0</td></tr>
<tr><td>|</td><td>a|b</td><td>a 和 b 按位作或运算</td></tr>
<tr><td>&</td><td>a&b</td><td>a 和 b 按位作与运算</td></tr>
<tr><td>^</td><td>a^b</td><td>a 和 b 按位作异或运算</td></tr>
<tr><td>～</td><td>～a</td><td>将 a 的每一位取反</td></tr>
<tr><td>&</td><td>a=&b</td><td>将变量 b 的地址存入 a 寄存器</td></tr>
<tr><td>指针</td><td>*</td><td>*a</td><td>用来取 a 寄存器所指地址内的值</td></tr>
</table>

B.4 常用运算符的优先级和结合性

<table>
<tr><th>优先级</th><th>类别</th><th>运算符名称</th><th>运算符</th><th>结合性</th></tr>
<tr><td>1</td><td>类型转换、成员</td><td>转换，下标，成员</td><td>（ ），[ ],-></td><td>右</td></tr>
<tr><td>2</td><td>单目</td><td>单目运算</td><td>!, ~, ++, --, &, *, -, sizeof</td><td>左</td></tr>
<tr><td>3</td><td>算术</td><td>乘除模</td><td>*,/,%</td><td>左</td></tr>
<tr><td>4</td><td>算术</td><td>加减</td><td>+,-</td><td>左</td></tr>
<tr><td>5</td><td>字位</td><td>左右移</td><td><<,>></td><td>左</td></tr>
<tr><td>6</td><td>关系</td><td>比较</td><td>>,>=,<,<=,==,!=</td><td>左</td></tr>
<tr><td>7</td><td>字位</td><td>按位逻辑</td><td>&,^,|</td><td>左</td></tr>
<tr><td>8</td><td>位</td><td>逻辑</td><td>&&,||,</td><td>左</td></tr>
<tr><td>9</td><td>条件</td><td>条件运算</td><td>?:</td><td>右</td></tr>
<tr><td>10</td><td>赋值</td><td>赋值，符合赋值</td><td>=,op=</td><td>右</td></tr>
<tr><td>11</td><td>逗号</td><td>逗号运算</td><td>,</td><td>右</td></tr>
</table>

B.5 存储类型关键字与说明

空间名称	地址范围	说　明
data	0x00～0x7f	片内 RAM 直接寻址区的 128 个单元
bdata	0x20～0x2f	片内 RAM 位寻址区
idata	0x00～0xff	256 个片内 RAM，其中前 128 和 data 的 128 完全相同，只是因为访问的方式不同。idata 是用类似 C 中的指针方式访问的
xdata	0x0000～0xffff	外部 64KB 的 RAM 空间
code	0x0000～0xffff	64KB 片内外 ROM 代码区
pdata	0x00～0xff	外部扩展 RAM 的低 256 个字节

B.6 常用数据类型

类别	数据类型	长度	值域
字符型	unsigned char 【无符号字符型】	1B	0～255
	（signed） char【有符号字符型】	1B	-128～+127
整型	unsigned short int 【无符号短整型】	2B	0～65535
	signed short int 【有符号短整型】	2B	-32768～+32767
	short int 【有符号短整型】	2B	-32768～+32767
	unsigned short 【无符号短整型】	2B	0～65535
	signed short 【有符号短整型】	2B	-32768～+32767
	short 【有符号短整型】	2B	-32768～+32767
	unsigned int 【无符号整型】	2B	0～65535
	signed int 【有符号整型】	2B	-32768～+32767
	int 【有符号整型】	2B	-32768～+32767

（续）

类别	数据类型	长度	值域
长整型	unsigned long int【无符号长整型】	4B	0～4294967295
	signed long int【有符号长整型】	4B	-2147483648～+2147483647
	long int【有符号长整型】	4B	-2147483648～+2147483647
	unsigned long【无符号长整型】	4B	0～4294967295
	signed long【有符号长整型】	4B	-2147483648～+2147483647
	long【有符号长整型】	4B	-2147483648～+2147483647
浮点型	float	4B	±1.75494E-38～±3.402823E+38
	double	4B	±1.75494E-38～±3.402823E+38
位型	bit	1bit	0,1
	sbit	1bit	0,1
sfr 型	sbit	1bit	0,1
	sfr	1B	0～255
	sfr16	2B	0～65535

附录 C　STC15 系列单片机特殊功能寄存器一览表

特殊功能寄存器（SFR）是用来对片内各个功能模块进行管理、控制、监视的控制寄存器和状态寄存器，是一个特殊功能的 RAM 区。这里我们将 STC15 系列单片机常用的特殊功能寄存器总结如下。

符号	描述	地址	位地址及符号 MSB							LSB	复位值
P0	Port 0	80H	P0.7	P0.6	P0.5	P0.4	P0.3	P0.2	P0.1	P0.0	1111 1111B
SP	堆栈指针	81H									0000 0111B
DPTR DPL	数据指针（低）	82H									0000 0000B
DPTR DPH	数据指针（高）	83H									0000 0000B
S4CON	串口 4 控制寄存器	84H	S4SM0	S4ST4	S4SM2	S4REN	S4TB8	S4RB8	S4T1	S4R1	0000 0000B
S4BUF	串口 4 数据缓冲器	85H									xxxx xxxxB
PCON	电源控制寄存器	87H	SMOD	SMOD0	LVDF	POF	GF1	GF0	PD	IDL	0011 0000B
TCON	定时器控制寄存器	88H	TF1	TR1	TF0	TR0	IE1	IT1	IE0	IT0	0000 0000B
TMOD	定时器工作方式寄存器	89H	GATE	C/$\overline{T}$	M1	M0	GATE	C/$\overline{T}$	M1	M0	0000 0000B
TL0	定时器 0 低 8 位寄存器	8AH									0000 0000B
TL1	定时器 1 低 8 位寄存器	8BH									0000 0000B
TH0	定时器 0 高 8 位寄存器	8CH									0000 0000B
TH1	定时器 1 高 8 位寄存器	8DH									0000 0000B
AUXR	辅助寄存器	8EH	T0x12	T1x12	UART_M0x6	T2R	T2_C/$\overline{T}$	T2x12	EXTRAM	S1ST2	0000 0001B
INT_CLKOAUXR2	外部中断允许和时钟输出寄存器	8FH	—	EX4	EX3	EX2	MCKO_S2	T2CLKO	T1CLKO	T0CLKO	x000 0000B

（续）

符号	描述	地址	位地址及符号 MSB							LSB	复位值
P1	Port1	90H	P1.7	P1.6	P1.5	P1.4	P1.3	P1.2	P1.1	P1.0	1111 1111B
P1M1	P1 口模式配置寄存器 1	91H									0000 0000B
P1M0	P1 口模式配置寄存器 0	92H									0000 0000B
P0M1	P0 口模式配置寄存器 1	93H									0000 0000B
P0M0	P0 口模式配置寄存器 0	94H									0000 0000B
P2M1	P2 口模式配置寄存器 1	95H									0000 0000B
P2M0	P2 口模式配置寄存器 0	96H									0000 0000B
CLK_DIV PCON2	时钟分频寄存器	97H	MCKO_S1	MCKO_S1	ADRJ	Tx_Rx	MCLKO_2	CLKS2	CLKS1	CLKS0	0000 0000B
SCON	串口 1 控制寄存器	98H	SM0/FE	SM1	SM2	REN	TB8	RB8	T1	R1	0000 0000B
SBUF	串口 1 数据缓冲器	99H									xxxx xxxxB
S2CON	串口 2 控制寄存器	9AH	S2SM0	—	S2SM2	S2REN	S2TB8	S2RB8	S2T1	S2R1	0100 0000B
S2BUF	串口 2 数据缓冲器	9BH									xxxx xxxxB
P1ASF	P1 Analog Function Configure register	9DH	P17ASF	P16ASF	P15ASF	P14ASF	P13ASF	P12ASF	P11ASF	P10ASF	0000 0000B
P2	Port 2	A0H	P2.7	P2.6	P2.5	P2.4	P2.3	P2.2	P2.1	P2.0	1111 1111B
BUS_ SPEED	Bus-Speed Control	A1H	—	—	—	—	—	—	—	EXRTS [1:0]	xxxx xx10B
AUXR1 P_SW1	辅助寄存器 1	A2H	S1_S1	S1_S0	CCP_S1	CCP_S0	SP1_S1	SP1_S0	0	DPS	0000 0000B
IE	中断允许寄存器	A8H	EA	ELVD	EADC	ES	ETI	EX1	ET0	EX0	0000 0000B
SADDR	从机地址控制寄存器	A9H									0000 0000B
WKTCL WKTCL_ CNT	掉电唤醒专用定时器控制寄存器低 8 位	AAH									1111 1111B
WKTCH WKTCH _CNT	掉电唤醒专用定时器控制寄存器高 8 位	ABH	WKTEN								0111 1111B
S3CON	串口 3 控制寄存器	ACH	S3SM0	S3ST3	S3SM2	S3REN	S3TB8	S3RB8	S3T1	S3R1	0000,0000
S3BUF	串口 3 数据缓冲器	ADH									xxxx,xxxx

（续）

符号	描述	地址	位地址及符号 MSB							LSB	复位值
IE2	中断允许寄存器	AFH		ET4	ET3	ES4	ES3	ET2	ESPI	ES2	x000 0000B
P3	Port 3	B0H	P3.7	P3.6	P3.5	P3.4	P3.3	P3.2	P3.1	P3.0	1111 1111B
P3M1	P3 口模式配置寄存器 1	B1H									0000 0000B
P3M0	P3 口模式配置寄存器 0	B2H									0000 0000B
P4M1	P4 口模式配置寄存器 1	B3H									0000 0000B
P4M0	P4 口模式配置寄存器 0	B4H									0000 0000B
IP2	第二中断优先级低字节寄存器	B5H	—	—	—	PX4	PPWMFD	PPWM	PSPI	PS2	xxxx xx00B
IP	中断优先级寄存器	B8H	PPCA	PLVD	PADC	PS	PT1	PX1	PT0	PX0	0000 0000B
SADEN	从机地址掩模寄存器	B9H									0000 0000B
P_SW2	外围设备功能切换控制寄存器	BAH	—	—	—	—	—	S4_S	S3_S	S2_S	xxxx x000B
ADC_CONTR	A-D 转换控制寄存器	BCH	ADC_POWER	SPEED1	SPEED0	ADC_FLAG	ADC_START	CHS2	CHS1	CHS0	0000 0000B
ADC_RES	A-D 转换结果高 8 位寄存器	BDH									0000 0000B
ADC_RESL	A-D 转换结果低 2 位寄存器	BEH									0000 0000B
P4	Port4	C0H	P4.7	P4.6	P4.5	P4.4	P4.3	P4.2	P4.1	P4.0	1111 1111B
WDT_CONTR	看门狗控制寄存器	C1H	WDT_FLAG	—	EN_WDT	CLR_WDT	IDLE_WDT	PS2	PS1	PS0	0x00 0000B
IAP_DATA	ISP/IAP 数据寄存器	C2H									1111 1111B
IAP_ADDRH	ISP/IAP 高 8 位地址寄存器	C3H									0000 0000B
IAP_ADDRL	ISP/IAP 低 8 位地址寄存器	C4H									0000 0000B
IAP_CMD	ISP/IAP 命令寄存器	C5H	—	—	—	—	—	—	MS1	MS0	xxxx xx00B
IAP_TRIG	ISP/IAP 命令触发寄存器	C6H									xxxx xxxxB
IAP_CONTR	ISP/IAP 控制寄存器	C7H	IAPEN	SWBS	SWRST	CMD_FAIL	—	WT2	WT1	WT0	0000 x000B

（续）

符号	描述	地址	位地址及符号								复位值
			MSB							LSB	
P5	Port5	C8H	—	—	P5.5	P5.4	P5.3	P5.2	P5.1	P5.0	xx11 1111B
P5M1	P5 口模式配置寄存器 1	C9H									xxx0 0000B
P5M0	P5 口模式配置寄存器 0	CAH									xxx0 0000B
P6M1	P6 口模式配置寄存器 1	CBH									
P6M0	P6 口模式配置寄存器 0	CCH									
SPSTAT	SPI 状态寄存器	CDH	SPIF	WCOL	—	—	—	—	—	—	00xx xxxxB
SPCTL	SPI 控制寄存器	CEH	SSIG	SPEN	DORD	MSTR	CPOL	CAPHA	SPR1	SPR0	0000 0100B
SPDAT	SPI 数据寄存器	CFH									0000 0000B
PSW	程序状态字寄存器	D0H	CY	AC	F0	RS1	RS0	OV	—	P	0000 00x0B
T4T3M	T4 和 T3 的控制寄存器	D1H	T4R	T4_C/$\overline{T}$	T4x12	T4CLKO	T3R	T3_C/$\overline{T}$	T3x12	T3CLKO	0000 0000B
T4H	定时器 4 高 8 位寄存器	D2H									0000 0000B
T4L	定时器 4 低 8 位寄存器	D3H									0000 0000B
T3H	定时器 3 高 8 位寄存器	D4H									0000 0000B
T3L	定时器 3 低 8 位寄存器	D5H									0000 0000B
T2H	定时器 2 高 8 位寄存器	D6H									0000 0000B
T2L	定时器 2 低 8 位寄存器	D7H									0000 0000B
CCON	PCA 控制寄存器	D8H	CF	CR	—	—	CCF3	CCF2	CCF1	CCF0	00xx 0000B
CMOD	PCA 模式寄存器	D9H	CIDL	—	—	—	—	CPS1	CPS0	ECF	0xxx x000B
CCAPM0	PCA Module 0 Mode Register	DAH	—	ECOM0	CAPP0	CAPN0	MAT0	TOG0	PWM0	ECCF0	x000 0000B
CCAPM1	PCA Module 1 Mode Register	DBH	—	ECOM1	CAPP1	CAPN1	MAT1	TOG1	PWM1	ECOF1	x000 0000B
CCAPM2	PCA Module 2 Mode Register	DCH	—	ECOM2	CAPP2	CAPN2	MAT2	TOG2	PWM2	ECCF2	x000 0000B
ACC	累加器	E0H									0000 0000B
P7M1	P7 口模式配置寄存器 1	E1H									0000 0000B

（续）

符号	描述	地址	位地址及符号 MSB							LSB	复位值
P7M0	P7 口模式配置寄存器 0	E2H									0000 0000B
P6	Port 6	E8H									1111 1111B
CL	PCA Base Timer Low	E9H									0000 0000B
CCAP0L	PCA Module-0 Capture Register Low	EAH									0000 0000B
CCAP1L	PCA Module-1 Capture Register Low	EBH									0000 0000B
CCAP2L	PCA Module-2 Capture Register Low	ECH									0000 0000B
B	B 寄存器	F0H									0000 0000B
PCA_PWM0	PCA PWM Mode Auxiliary Register 0	F2H	EBS0_1	EBS0_0	—	—	—	—	EPC0H	EPC0L	xxxx xx00B
PCA_PWM1	PCA PWM Mode Auxiliary Register 1	F3H	EBS1_1	EBS1_0	—	—	—	—	EPC1H	EPC1L	xxxx xx00B
PCA_PWM2	PCA PWM Mode Auxiliary Register 2	F4H	EBS2_1	EBS2_0	—	—	—	—	EPC2H	EPC2L	xxxx xx00B
P7	Port 7	F8H									1111 1111B
CH	PCA Base Timer High	F9H									0000 0000B
CCAP0H	PCA Module-0 Capture Register High	FAH									0000 0000B
CCAP1H	PCA Module-1 Capture Register High	FBH									0000 0000B
CCAP2H	PCA Module-2 Capture Register High	FCH									0000 0000B